I0047156

Khalil Ouled Naceur

Etude et conception d'un système d'agitation

Noura Bettaieb
Khalil Ouled Naceur

Etude et conception d'un système d'agitation

Chauffage d'un bac de stockage d'huile usagée dans l'unité de régénération de la SOTULUB

Éditions universitaires européennes

Impressum / Mentions légales

Bibliografische Information der Deutschen Nationalbibliothek: Die Deutsche Nationalbibliothek verzeichnet diese Publikation in der Deutschen Nationalbibliografie; detaillierte bibliografische Daten sind im Internet über http://dnb.d-nb.de abrufbar.

Information bibliographique publiée par la Deutsche Nationalbibliothek: La Deutsche Nationalbibliothek inscrit cette publication à la Deutsche Nationalbibliografie; des données bibliographiques détaillées sont disponibles sur internet à l'adresse http://dnb.d-nb.de.

Coverbild / Photo de couverture: www.ingimage.com

Verlag / Editeur:
Éditions universitaires européennes
ist ein Imprint der / est une marque déposée de
OmniScriptum GmbH & Co. KG
Heinrich-Böcking-Str. 6-8, 66121 Saarbrücken, Deutschland / Allemagne
Email: info@editions-ue.com

Herstellung: siehe letzte Seite /
Impression: voir la dernière page
ISBN: 978-613-1-53644-1

Table des matières

Liste des figures

Liste de tableaux

Nomenclature

Calcul mécanique

Re : Nombre de Reynolds

ρ : Masse volumique [kg.m^{-3}]

μ : viscosité dynamique [Pa.s]

T : diamètre de la cuve [m]

H : hauteur du liquide   [m]

D : diamètre du mobile d'agitation [m]

Ha : hauteur du mobile par rapport au fond de la cuve [m]

W : largeur de chicane [m]

C : distance entre la cuve et les chicanes [m]

N_p : nombre de puissance

P : puissance dissipée [w]

N : vitesse de rotation [tr .s^{-1}]

C : couple moteur [N.m]

Q_p : débit de pompage [m^3/s]

N_{Qp} : nombre de pompage

Q_e : débit d'entraînement [m^3/s]

Q_c : débit de circulation [m^3/s]

N_{Qc} : nombre de circulation

t_m : temps de mélange [s]

p : pression dans l'enceinte [MPa]

Nomenclature

m_a : masse de l'arbre d'agitation [Kg]

m_m : masse de mobile d'agitation [Kg]

g : accélération de pesanteur [m/s^2]

PA : la force d'Archimède [N]

Fa : Force hydraulique axiale [N]

Fp : Force de pression [N]

Fm : Poids de la ligne d'arbre mobiles compris [N]

FA : Force axiale résultante [N]

Fr : la force radiale [N]

Mt : couple moteur [N.m]

Mf : moment de flexion [N.m]

E : Module d'élasticité [MPa]

G : Module d'élasticité transversal [MPa]

Va : Volume de l'arbre [m^3]

Vm : Volume du mobile [m^3]

R_e : limite élastique [MPa]

R_m : limite à la rupture [MPa]

I : moment quadratique diamétral [m^4]

I_0 : moment quadratique polaire [m^4]

τ_{adm} : contrainte admissible en torsion [MPa]

τ_e : la limite d'élasticité en cisaillement [MPa]

S : coefficient de sécurité

ηa : contrainte admissible en flexion [MPa]

da : Diamètre nominal de l'arbre [m]

de : Diamètre extérieur de l'arbre tubulaire [m]

di : Diamètre intérieur de l'arbre tubulaire [m]

m : masse de l'élément en rotation [Kg]

Kt : coefficient de concentration des contraintes

a : largeur de clavette [mm]

b : hauteur de clavette [mm]

Sc : surface cisaillée [mm²]

L : longueur de la clavette [mm²]

F : effort appliqué sur la clavette [N]

τ : contrainte de cisaillement [MPa]

Rpg : résistance pratique élastique au glissement (ou cisaillement) [MPa]

P : pression de matage [MPa]

Pa : pression admissible [MPa]

Sm : Surface matée [mm²]

d_{vis} : diamètre du vis [mm]

C : charge dynamique de base [KN]

P : charge dynamique appliquée [N]

Nc : vitesse critique [s^{-1}]

L : longueur totale de l'arbre [m]

La : longueur totale de l'arbre sous le palier inférieur [m]

Lr : longueur entre les paliers [m]

Calcul de transfert thermique

Tfe : température d'entrée d'huile usagée [°C]

Tfs : température de sortie d'huile usagée [°C]

T_{ehc} : température d'entrée d'huile de chauffe [°C]

Nomenclature

T_{shc} : température de sortie d'huile de chauffe [°C]

T_{vsat} : température de vapeur saturée [°C]

T_{cs} : température de sortie de condensat [°C]

Q : quantité de chaleur [W]

$\dot{m}_{hu}$: débit massique d'huile usagée [Kg/s]

$\dot{m}_{vap}$: débit massique de vapeur [Kg/s]

$\dot{m}_{hc}$: débit massique d'huile de chauffe [Kg/s]

Cp_{hu} : chaleur massique d'huile usagée [Kj/Kg °C]

Cp_{hc} : chaleur massique d'huile de chauffe [Kj/Kg °C]

Cp_{con} : chaleur massique de condensat [Kj/Kg °C]

L_{vap} : chaleur lattente de vapeur [Kj/Kg]

λ_{hu} : conductivité thermique d'huile usagée [W/m² °C]

λ_{vap} : conductivité thermique de vapeur saturé [W/m² °C]

λ_{hc} : conductivité thermique d'huile de chauffe [W/m² °C]

λ_{con} : conductivité thermique de condensat [W/m.°C]

λ_p : conductivité thermique de paroi [W/m.°C]

μ_{hu} : viscosité dynamique d'huile usagée [Pa.s]

μ_{vap} : viscosité dynamique de vapeur saturé [Pa.s]

μ_{hc} : viscosité dynamique d'huile de chauffe [Pa.s]

μ_{con} : viscosité dynamique de condensat [Pa.s]

ρ_h : masse volumique d'huile usagée [m³/kg]

ρ_v : masse volumique de vapeur saturé [m³/kg]

ρ_{con} : masse volumique de condensat [m³/kg]

P : pression de vapeur [bar]

di : diamètre intérieur de tube de serpentin [m]

x

de : diamètre extérieur de tube de serpentin [m]

Ds : diamètre de spire de serpentin [m]

U : coefficient global d'échange [W/m^2.°C]

A : surface d'échange [m^2]

Ai : surface intérieur d'échange [m^2]

Ae : surface extérieur d'échange [m^2]

ΔT_{ml} : delta moyen logarithmique [°C]

Nu : nombre de Nusselt

Pr : nombre de Prandtl

VIS : rapport de viscosité

Gv = débit massique de condensat [Kg/s.m]

hi : coefficient intérieur d'échange [W/m^2 °C]

he : coefficient extérieur d'échange [W/m^2 °C]

ec : épaisseur de la paroi de cuve [m]

e_s : épaisseur de la paroi de tube de serpentin [m]

L : longueur de tube de serpentin [m]

d1 : diamètre intérieur de la double enveloppe [m]

d2 : diamètre extérieur de la double enveloppe [m]

Introduction générale

Le développement industriel dans le monde a engendré au fil des ans, une pollution qui a atteint des seuils critiques pour notre planète. Face à ce péril et grâce à la prise de conscience au niveau mondial qu'il ne peut y avoir de croissance durable sans sauvegarde de l'environnement, les responsables politiques ont admis la nécessité de lutter contre la pollution sous toutes ses formes.

Dans cette dynamique internationale, la Tunisie a été parmi les premiers pays qui ont répondu à ce problème. La création de la Société Tunisienne de Lubrifiants SOTULUB en 1979 en est une parfaite illustration. En effet ; la SOTULUB joue un rôle principal dans la lutte contre la pollution causée par les huiles usagées en Tunisie. Ces huiles sont collectées et par suite régénérées. Après leur collecte ces huiles usagées sont stockées dans des bacs de charge qui alimente l'unité de régénération.

Les huiles usagées, comme la plus part des hydrocarbures, posent plusieurs problèmes de stockage vue qu'elles sont très influencées par la baisse de température et après un certain temps par le phénomène de décantation. Dans le présent projet de fin d'étude, on vise l'étude et la conception d'un système d'agitation et de chauffage du bac de charge de l'unité de régénération des huiles usagées de la SOTULUB.

Dans le premier chapitre, on va présenter une revue bibliographique concernant les comportements rhéologiques de fluides, l'agitation mécanique, les différents types de mobiles d'agitation, les critères de choix d'un système d'agitation et on terminera par citer les différentes techniques de chauffage dans une cuve agitée.

Un deuxième chapitre contiendra les calculs des différents paramètres mécaniques et thermiques permettant la mise en place d'un agitateur adéquat et le dimensionnement du système de chauffage nécessaire.

Dans le troisième chapitre, on présentera la conception de l'agitateur et le choix de ces différents composants tout en vérifiant leur résistance aux contraintes du fonctionnement.

1. Introduction

Dans ce chapitre, dans un premier temps, nous allons présenter la société tunisienne des lubrifiants SOTULUB au sein de laquelle nous avons effectué notre projet de fin d'études. La deuxième partie sera consacrée à la présentation des opérations de l'agitation mécanique et du transfert thermique dans une cuve. On finira le chapitre par des conclusions.

2. Présentation de la société tunisienne des lubrifiants SOTULUB

La société Tunisienne de Lubrifiants **SOTULUB** a été créée en 1979. L'activité principale de cette société est de régénérer des huiles usagées et de fabriquer de la graisse.

SOTULUB a démarré ses activités en 1984. Elle était initialement conçue selon un procédé acide-terre. Ce procédé s'est vite avéré peu satisfaisant du point de vue environnemental en raison de l'accumulation de terres usagées et de goudron acide sur le site de l'usine et qui ne pouvaient être écoulés ni traités. Du point de vue financier, ce procédé présentait également l'inconvénient d'un coût de traitement élevé pour un investissement initial important.

Dès le début des années 90, suite à de nombreuses études de recherches, la société SOTULUB a réussi à mettre au point une nouvelle technologie de régénération des huiles usagées avec une configuration technique beaucoup plus simple conciliant avec l'environnement [1].

Les principales activités de la SOTULUB sont :

- Collecte des huiles usagées,
- Régénération des huiles usagées afin d'avoir des huiles de base,
- Fabrication et commercialisation de graisses lubrifiantes.

Chapitre 1

2.1. Activités de la société SOTULUB

2.1.1. Collecte des huiles usagées

De 1980 à 1988, l'activité de la collecte des huiles usagées a été assurée directement par les moyens propres de la SOTULUB. En 1988, elle a mis en place une structure organisée qui a permis d'optimiser la collecte des huiles usagées à travers toute la Tunisie et d'améliorer le taux de récupération d'une année à l'autre. Pour cela, la société a créée 12 zones de collectes, chacune de ces zones est outillée d'un dépôt de collecte répondant aux exigences environnementales.

2.1.2. Régénération des huiles usagées

La société SOTULUB possède une unité de capacité annuelle de 16000 tonne qu'elle exploite selon un nouveau procédé inventé par la société elle-même au début des années 90. Le processus de régénération consiste à éliminer les contaminants d'huiles usagées et réutiliser ces huiles. Ce processus contribue à la production de deux coupes d'huiles de base régénérées, une coupe légère 150 NR et une coupe lourde 350 NR.

A présent la société SOTULUB couvre presque 30% du marché tunisien en huile de base. Ces principaux clients sont: SNDP, SHELL, OIL-LIBIYA, et TOTAL.

2.1.3. Fabrication des graisses lubrifiantes

La société SOTULUB dispose d'une unité de fabrication des graisses de capacité nominale de 2400 T /an permettant de satisfaire une grande partie des besoins du marché local. On peut classer la graisse produite en quatre catégories :

- Graisse multiservices,
- Graisse calcique,
- Graisse super stable,
- Graisse Akron.

Dans la section qui suit, nous allons présenter la technique de régénération des huiles usagées réalisée au sein de la société SOTULUB.

2.2. Technique de régénération des huiles usagées

On distingue deux types d'huiles: huiles de bases et huiles usagées.

2.2.1. Les huiles de base

Les huiles de base, généralement utilisées pour la lubrification des moteurs à explosion, sont des huiles minérales, semi-synthétiques ou synthétiques, dérivées du pétrole et enrichies en additifs techniques. Elles empêchent la surchauffe des pièces métalliques qui entrent en contact les unes avec les autres dans un moteur à combustion interne.

Avant l'emploi, elles sont constituées de 80% à 90% d'huile lubrifiante de base et de 10% à 20% d'additifs destinés à améliorer leur performance. Parmi ces additifs on peut citer :

- Additifs détergents,
- Inhibiteurs de rouille et de corrosion,
- Antioxydants,
- Additifs de protection contre l'usure,
- Modificateur de viscosité et produits d'abaissement du point d'écoulement etc...

Ces additifs permettent aux huiles de bases d'assurer plusieurs fonctions. Elles lubrifient, nettoient, inhibent la corrosion, améliorent l'étanchéité et contribuent à évacuer la chaleur de friction et de combustion (circulation dans les calottes des pistons) de façon à ce que les pièces du moteur restent dans les tolérances de fonctionnement (dimensionnelles et de résistance mécanique).

2.2.2. Les huiles usagées

Les huiles usagées sont des huiles qui, après utilisation, deviennent contaminées. Leurs propriétés altérées, elles ne peuvent pas continuer à remplir leur tâche convenablement. Parmi lesquels on cite les lubrifiants de moteur, les liquides hydrauliques, les liquides servant à travailler le métal, les fluides isolants et les liquides de refroidissement. Durant l'usage, leur composition change en raison de certains facteurs, tels que la modification physique et chimique des molécules à cause de l'élévation de température de certaines parties du moteur, la dégradation des additifs, l'addition de métaux provenant de l'usure du moteur et l'infiltration de substances étrangères comme des solvants, des glycols et de l'essence.

Pour le cas des moteurs, la composition d'une huile usagée devient très variable et difficile à définir. Elle dépend du temps d'utilisation de l'huile, des additifs qu'elle contenait et du type de moteur utilisé. De plus, lors de la récupération, les différentes sortes d'huiles usagées sont habituellement mélangées, ce qui rend leur composition complexe et nécessite l'attention des recycleurs. On distingue deux sortes d'huiles usagées:

Celles appelées huiles claires, d'origine industrielle et peu détériorées au cours d'utilisation, qui peuvent être facilement régénérées par un procédé de purification simple (filtrage et / ou centrifugation),

Celles appelées huiles noires, provenant principalement de la lubrification de véhicules automobiles, qui ont été soumises à des conditions thermiques et mécaniques sévères. Elles sont chargées en métaux et en résidus de combustion et oxydées.

Les huiles usagées sont peu biodégradables. Donc leur rejet dans l'environnement est dangereux pour les systèmes naturels. En effet, un litre d'huile pollue un million de litres d'eau. Par conséquent, il ne faut jamais jeter les huiles usagées dans les puisards, les remblais, les caniveaux ou les égouts. En plus, il ne faut jamais utiliser des huiles usagées comme désherbant, ou comme combustible de chauffage, ni pour la protection des boiseries. [1]

2.3. Description du procédé de régénération d'huiles usagées de la SOTULUB

Le procédé de régénération des huiles usagées de la société SOTULUB est donné par le schéma suivant:

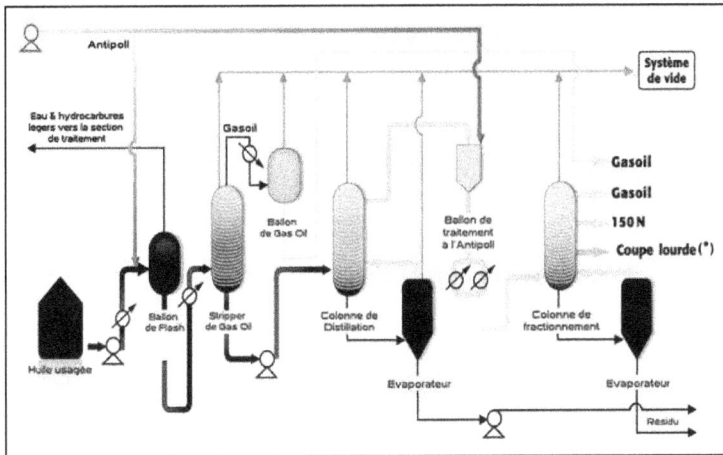

Figure 1. *Schéma de l'unité de régénération des huiles usagées de la SOTULUB.* [1]

Ce procédé de régénération se base sur les étapes suivantes :

2.3.1. Déshydratation et élimination des essences

L'huile usagée provenant du stockage est pompée à travers un filtre pour éliminer les impuretés métalliques, puis chauffée par l'ensemble de deux échangeurs. Un premier échangeur utilise comme fluide caloporteur le distillat léger de la section de distillation sous vide. Ensuite, un deuxième échangeur dont le fluide caloporteur est la coupe légère de la section de fractionnement.

Après le chauffage, l'huile usagée sera mélangée avec un appoint de résidu de la colonne de fractionnement et un appoint d'huile strippée et d'antipoll. Ensuite, le mélange obtenu est envoyé vers un ballon flash, qui élimine en tête l'eau et les hydrocarbures légers et ne reste au fond du ballon qu'une huile déshydratée.

2.3.2. Stripage de gasoil

L'huile déshydratée est envoyée vers la colonne de stripage de gasoil. Dans cette colonne l'huile sera chauffée jusqu'à 300°C et le gasoil sera séparé de la charge sous l'effet du vide créé dans la colonne.

Le chauffage de l'huile et de la colonne de stripage est assuré par un rebouilleur implanté au-dessous de la colonne. Il s'agit d'un échangeur de chaleur, ayant comme fluide caloporteur l'huile de chauffe, où une partie de l'huile strippée sera chauffée puis envoyée en retour vers le fond de la colonne. La partie restante de l'huile strippée sera distillée sous vide comme il sera détaillé dans la section suivante.

2.3.3. Distillation sous vide

L'huile strippée entre dans la colonne de distillation sous vide couplée à un évaporateur à couche mince afin de séparer la coupe lubrifiante (distillat lourd et distillat léger) et le résidu. Ce dernier passe à l'évaporateur de telle sorte qu'on récupère plus de coupe lubrifiante. Le résidu final, obtenu au fond de l'évaporateur, sera envoyé au stockage. Les deux distillats passent vers un bac où on obtient une coupe unique qui sera la charge de la colonne de fractionnement.

2.3.4. Fractionnement

Dans le but d'améliorer la qualité de l'huile, la coupe unique est chauffée dans un échangeur avant d'être introduite dans la colonne de fractionnement qui est formée de trois plateaux et qui est couplée à un évaporateur à couche mince. La séparation des quatre coupes est la fonction réalisée par la colonne de fractionnement. En effet, dans la partie supérieure de la colonne le gasoil est soutiré. Une partie de gasoil est refroidie par l'eau dans un échangeur avant d'être stockée. Au niveau du premier plateau (plateau supérieur), une coupe légère (150 NR) est soutirée qui sera refroidie avant d'être stockée. Au niveau du second plateau, une coupe lourde (350 NR) est soutirée et qui sera ensuite refroidie avant d'être stockée. En ce qui concerne le résidu au fond de la colonne, une partie est utilisée dans la section de déshydratation et l'autre partie est envoyée au stock.

3. Agitation mécanique et transfert thermique dans une cuve

L'opération de mélange, couramment appelée agitation, est une opération largement utilisée dans différents domaines domestiques ou industrielles [2]. La diversité d'application de cette opération l'a rendu le centre d'intérêt de plusieurs études et recherches dont l'objectif est l'amélioration et l'optimisation des systèmes d'agitation ainsi la résolution des problèmes rencontrées lors de leur fonctionnement.

C'est dans ce cadre que viennent s'inscrire nos travaux de projet de fin d'études. Pour cela, dans une première partie, nous allons s'intéresser à la présentation des caractéristiques des fluides traités en agitation et leurs lois de comportement. Ensuite, on présentera la description et la classification des systèmes d'agitation mécaniques ainsi que leurs critères de choix. Enfin, une étude de transfert de chaleur et les différentes techniques de chauffage dans une cuve agitée feront l'objet de la partie suivante.

3.1. Rhéologie et viscosité

3.1.1. Rhéologie

La rhéologie est l'étude des phénomènes de déformation de la matière sous l'effet des contraintes. Le comportement rhéologique d'un fluide se traduit par une relation entre le tenseur des contraintes et le tenseur des vitesses de déformation pour ce fluide. [3]

3.1.2. Viscosité

La viscosité peut être définie comme la résistance à l'écoulement uniforme et sans turbulence se produisant dans la masse d'une matière. La viscosité dynamique correspond à la contrainte de cisaillement qui accompagne l'existence d'un gradient de vitesse d'écoulement dans la matière.

Lorsque la viscosité augmente, la capacité du fluide à s'écouler diminue. Pour un liquide (autre qu'un gaz), la viscosité tend généralement à diminuer lorsque la température augmente. Selon la viscosité et le comportement rhéologique, on peut distinguer deux classes de fluides : les fluides newtoniens et les fluides non newtoniens. [4]

3.1.3. Les fluides newtoniens

Dans le cas d'un fluide Newtonien, la viscosité dynamique est une propriété constante du fluide qui ne dépend que de la pression ou de la température. Le comportement d'un fluide newtonien est donné graphiquement par la figure ci-dessous.

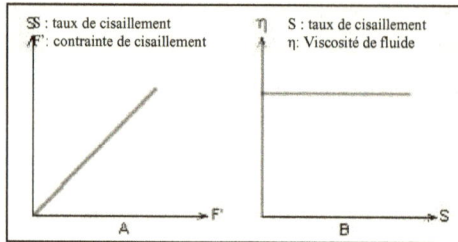

Figure 2. *Comportement d'un fluide newtonien* [5]

Le graphique A montre que la relation entre la contrainte de cisaillement (F') et le taux de cisaillement (S) est une ligne droite. Le graphique B montre que la viscosité du fluide reste constante lorsque le taux de cisaillement varie. [5]

3.1.4. Les fluides non-newtoniens

Un fluide non-newtonien est défini, au sens large, comme étant un fluide pour lequel le rapport F'/S n'est pas une constante. La viscosité de tels fluides varie de telle sorte que le taux de cisaillement change aussi. Il existe différents types de comportement d'écoulement non-newtonien, caractérisés par la façon dont la viscosité du fluide varie en réponse à un changement du taux de cisaillement. Parmi les types les plus communs de fluides non-newtoniens, on cite le fluide rhéofluidifiant (ou pseudoplastique), le fluide rhéoépaississant, le fluide de Bingham,et le fluide viscoplastique réel. [6]

Le comportement rhéologique des différents types de fluides est représenté sur la figure suivante:

8

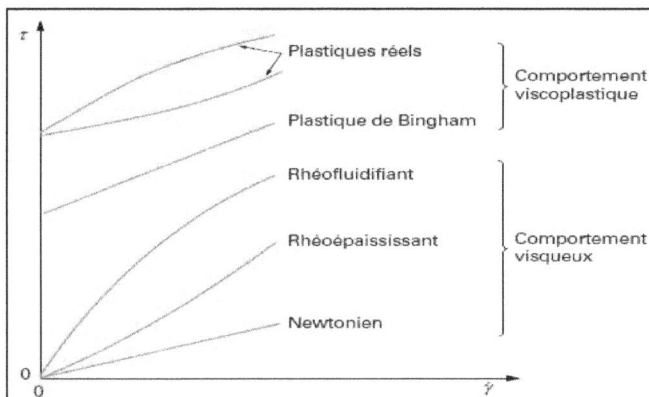

Figure 3. *Rhéogrammes des diverses catégories de fluides* [6]

3.2. L'agitation

3.2.1. Définition

L'agitation est l'opération qui consiste à mélanger une phase ou plusieurs pour rendre une ou plusieurs de ces caractéristiques homogènes. En effet, agiter et mélanger sont des opérations complexes d'homogénéisation faisant intervenir des phénomènes hydrodynamiques (régimes d'écoulements), thermiques (transferts), chimiques (réactions) et mécaniques (cisaillement). Ces opérations lorsque ils sont réalisées industriellement, nécessitent la mise en œuvre de systèmes de mélanges performants visant à garantir la stabilité et la constance des mélanges aux moindres coûts (temps et énergie minimums). [7]

Les techniques d'agitation et de mélange sont très variées. Il existe en fait de très nombreuses façons de générer l'agitation au sein des fluides, ou d'assurer un mélange. Parmi ces techniques, on trouve l'agitation mécanique par rotation, les mélangeurs statiques, les systèmes vibrants, les jets, les systèmes de pompages et de recirculation externe, le bullage de gaz, et les ultrasons.

Dans notre projet de fin d'études, nous traiterons essentiellement l'agitation mécanique par rotation d'agitateur(s), qui est la technique la plus largement utilisée industriellement.

3.2.2. Classification des opérations de mélange

En mettant à part les mélanges gaz-gaz, solide-solide et solide-gaz (lits fluidisés), on peut regrouper les opérations de mélange en quatre grandes classes d'application. Chacune peut se caractériser par son aspect physique ou chimique. Il est bien évident qu'un problème donné se rapporte rarement à une caractéristique unique, mais plutôt à un ensemble de caractéristiques. [8]

Le tableau suivant présente les quatre classes ainsi que leurs caractéristiques correspondantes.

Tableau 1. *Différentes opérations de mélange* [8]

Différentes opérations de mélange		
Type d'application	Caractéristique physique	Caractéristique chimique
Liquide-solide	Suspension	Dissolution
Liquide-gaz	Dispersion	Absorption
Liquide-liquide	Emulsion/Dispersion/Mélange	Extraction/Réaction
Circulation	Pompage	Transfert de chaleur

3.2.3. Définition d'un système d'agitation

Un système d'agitation mécanique est composé essentiellement par une cuve contenant le mélange et un mobile d'agitation. Le choix du système d'agitation influe directement sur la nature des écoulements générés au sein du fluide.

- **Géométrie de la cuve**

Il existe plusieurs configurations géométriques de cuves agitées comme le montre la figure suivante.

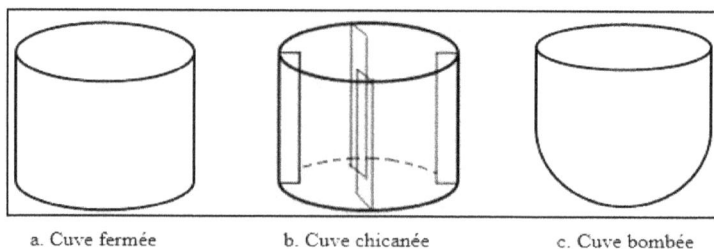

a. Cuve fermée   b. Cuve chicanée   c. Cuve bombée

Figure 4. *Différentes formes de cuves* [9]

- **Description des mobiles**

Selon le mouvement des fluides engendré dans la cuve par rapport à l'axe de rotation du mobile, il existe deux grandes classes de mobiles d'agitation à savoir les mobiles à débit axial et ceux à débit radial comme le montre la **figure 5**. [8]

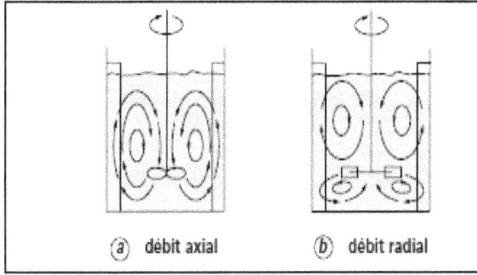

Figure 5. *Mobiles à débit axial et à débit radial* [8]

- Mobiles à débit axial

Ces mobiles créent un mouvement des fluides dans une direction axiale (vers le haut ou vers le bas). Ils assurent une circulation du fluide importante (Figure 5 a). Le **tableau 2** présente les mobiles d'agitation à débit axial les plus connus et les plus rencontrés en industrie.

Tableau 2. *Turbines à débit axial* [9]

Turbines à pales	Hélices	Agitateurs de proximité

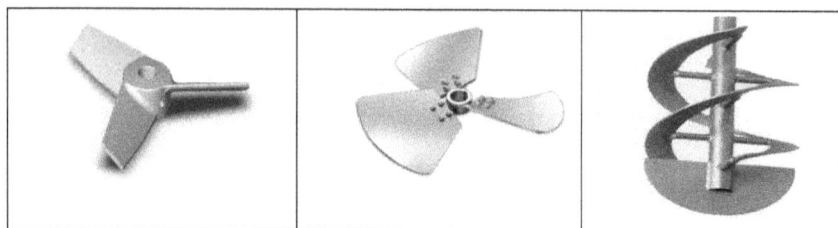

- Mobiles à débit radial

Ces mobiles fournissent un débit perpendiculaire à l'arbre d'agitation. Le flux de liquide est expulsé depuis les pales du mobile vers les parois de la cuve, puis se divise en deux parties, créant ainsi deux boucles de circulation qui se développent l'une au-dessus du mobile, l'autre en dessous (Figure 5 b). Ils créent des effets de cisaillement relativement importants. Ce sont des mobiles de turbulence. Certains mobiles utilisés pour des produits visqueux ont une composante tangentielle. [8]

- Mobiles à débit tangentiel

Les agitateurs de ce type développent un écoulement primaire essentiellement tangentiel, c'est-à-dire dans le sens de rotation du mobile. Le mouvement du fluide est limité à la zone proche du mobile, ce qui conduit à une zone mal mélangé au centre de la cuve. Pour palier à cet inconvénient, on y associe souvent un deuxième mobile (une hélice, une vis…). Le **tableau 1** présente les mobiles d'agitation à débit radial ou tangentiel les plus connus.

Tableau 3. *Turbines à débit radial et tangentiel* [9]

Turbines de Rushton	Disques de dispersion	Agitateurs à ancre

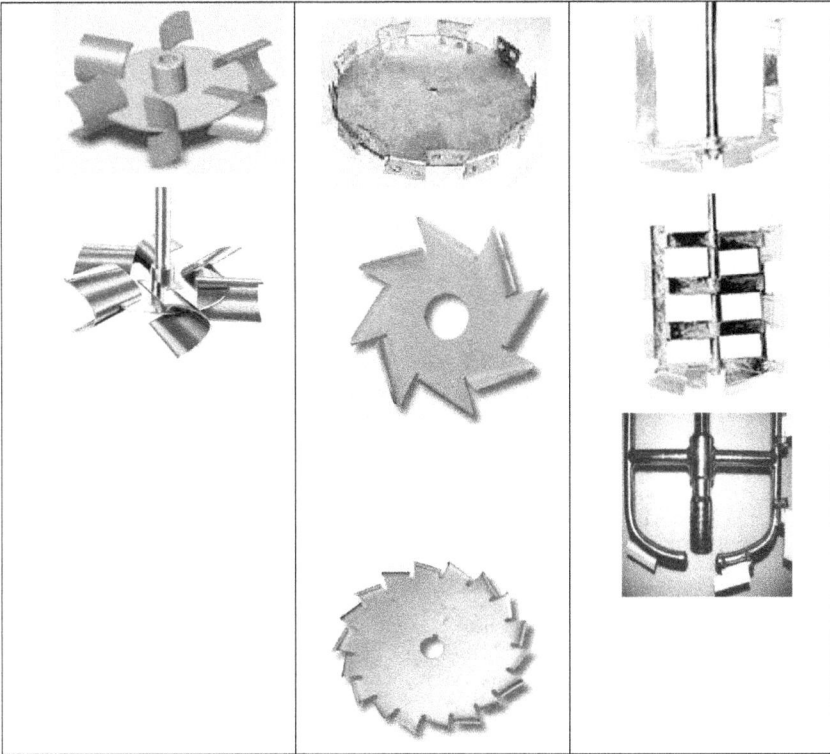

- *Régimes hydrodynamiques*

Pour un mobile d'agitation de diamètre donné d, tournant à une vitesse de rotation N, le nombre de Reynolds de l'agitateur est défini par :

$$Re = \frac{\rho N d^2}{\mu}$$ (1. 1)

Selon la valeur de Re, on peut distinguer trois régimes hydrodynamiques: régime laminaire ($Re \prec 10$), régime intermédiaire ($10 \prec Re \prec 10^4$) et régime turbulent ($Re \succ 10^4$). [8]

Le régime hydrodynamique créé dépend non seulement du type de mobile d'agitation mais aussi de facteurs géométriques concernant la cuve :

    - présence ou non de chicanes,

    - excentration de l'arbre,

    - inclinaison de l'arbre,

- Dimension de la cuve.

Pour chaque mobile d'agitation, il existe donc une infinité de configurations possibles. Sur la **figure 6** sont indiquées les formes de courant créées dans plusieurs cas par un mobile à débit axial.

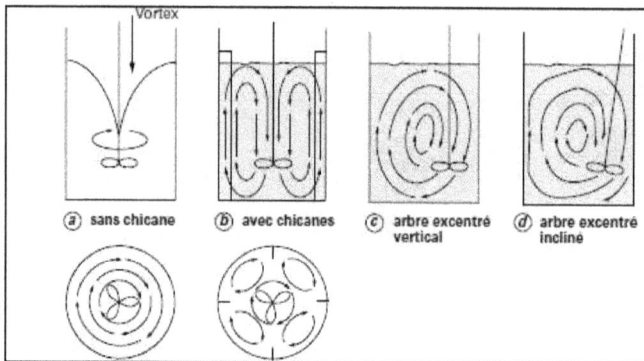

Figure 6. *Formes des courants créés par un mobile à débit axial* [8]

Il est bien évident que, quel que soit le type du mobile, si la cuve n'est pas munie de chicanes et si l'axe de l'agitateur est confondu avec l'axe de la cuve (Figure 6 a), le liquide est mis en rotation et les composantes verticales de vitesse seront extrêmement faibles. Il y a par ailleurs formation d'un vortex dont l'inconvénient est de limiter la puissance dissipée et de ne pas favoriser l'homogénéisation des fluides. La présence de chicanes fixées sur les parois de la cuve empêche la formation d'un vortex (Figure 6 b). Pour éviter la formation d'un vortex dans une cuve exempte de chicanes, on peut monter l'arbre d'agitation excentré mais vertical (Figure 6 c) ou bien incliné sur la verticale (Figure 6 d).

- ***Turbulence et pompage***

Les deux actions de turbulence et de pompage sont généralement réalisées par le mobile d'agitation. Suivant la forme et le type du mobile, les proportions relatives de turbulence et de débit de pompage peuvent varier considérablement. A titre de comparaison, on a représenté sur la **figure 7**, la proportion entre débit de pompage et turbulence pour différents types d'agitateurs consommant une puissance donnée.

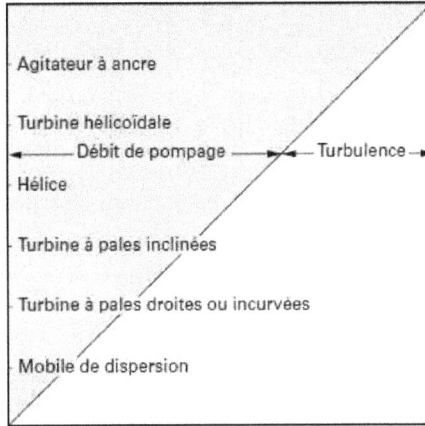

Figure 7. *Proportion entre débit de pompage et turbulence selon le mobile d'agitation* [8]

3.2.4. Paramètres liés à un système d'agitation

- *Géométrie d'un système d'agitation*

La configuration des systèmes d'agitation mécanique standard est montrée sur la **figure 8.**

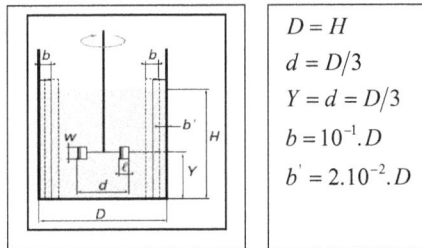

$$D = H$$
$$d = D/3$$
$$Y = d = D/3$$
$$b = 10^{-1}.D$$
$$b' = 2.10^{-2}.D$$

Figure 8. *Cuve agitée* [8]

En réalité toutes les cuves ne sont pas standard, en particulier les rapports d/D s'écartent plus ou moins de la valeur 1/3 et les rapports H/D peuvent être supérieurs à 1. Si $H/D \succ 1$, plusieurs mobiles d'agitation peuvent être placés sur l'arbre (Figure 9).

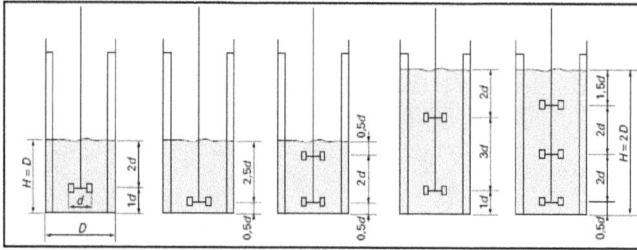

Figure 9. *Cuves et mobiles : configurations possibles* [8]

Pour les grands réservoirs dont l'ordre de grandeur est de 100 m³ jusqu'à 200 000 m³, les agitateurs sont montés dans la plupart des cas latéralement comme le montre la figure suivante.

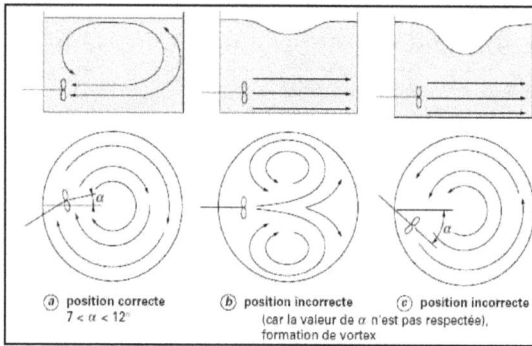

Figure 10. *Agitation des grands réservoirs* [8]

- **Puissance dissipée**

La puissance dissipée est un élément important dans la mise en place d'un système d'agitation puisqu'elle permet de choisir le type de moteur à installer et de comparer, sur le plan consommation d'énergie, les performances de plusieurs mobiles. Elle est exprimée généralement par un nombre adimensionnel appelé nombre de puissance N_p exprimé par l'expression suivante:

$$N_p = \frac{P}{\rho N^3 D^5} \qquad (1.2)$$

- **Débits de pompage**

Le débit de pompage Q_p est le débit de liquide qui passe effectivement dans le mobile d'agitation. Il est proportionnel à la vitesse de rotation N, et au cube du diamètre du mobile d comme il est donné par l'expression suivante:

$$Q_p = N_{Qp} N d^3 \qquad (1.3)$$

16

Le coefficient de proportionnalité N_{Qp} est en fonction du type de mobile d'agitation et du régime hydrodynamique. Dans le cas du régime turbulent N_{Qp} peut être considéré comme constant.

- ***Débit de circulation***

Le débit de pompage induit dans le volume de la cuve, par transfert de quantité de mouvement, un débit d'entraînement Q_e. Le débit de circulation Q_c est la somme du débit d'entraînement Q_e et du débit de pompage Q_p, soit:

$$Q_c = Q_e + Q_p \tag{1.4}$$

D'après les travaux de plusieurs auteurs [8], on admet que, quel que soit le type de mobile d'agitation, le rapport Q_c/Q_p est à peu près constant et vaut environ 1.8. On pourra définir un nombre de circulation N_{Qc} par :

$$N_{Qc} = \frac{Q_c}{N.d^3} = 1.8 \, N_{Qp} \tag{1.5}$$

3.2.5. Choix d'un système d'agitation

Le choix du type de mobile d'agitation est déterminant pour l'économie d'une opération d'agitation à réaliser. Pour cela il faut bien définir ce que l'on veut réaliser dans la cuve. Pour orienter le choix du matériel nous proposons la démarche suivante :

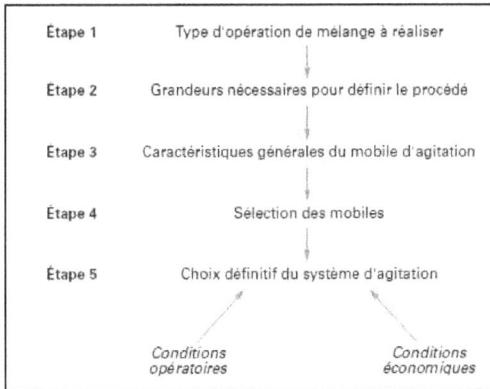

Figure 11. *Choix du mobile d'agitation* [8]

3.3. Transfert thermique

3.3.1. Définition

L'énergie thermique est l'énergie cinétique d'agitation microscopique d'un objet, qui est due à une agitation désordonnée de ses molécules et de ses atomes. L'énergie thermique est une partie de l'énergie interne d'un corps. Les transferts d'énergie thermique entre corps sont appelés transferts thermiques et jouent un rôle essentiel en thermodynamique. [10]

3.3.2. Transfert thermique dans les cuves agitées

Les cuves agitées sont rarement utilisées dans le seul but de chauffer ou refroidir un liquide car elles sont moins performantes qu'un échangeur de chaleur. Toutefois, il s'avère souvent nécessaire d'apporter ou d'évacuer de la chaleur lors de la réalisation d'opération de transfert de matière ou lors de réactions chimiques. [11]

Il existe alors plusieurs dispositifs pour assurer un transfert thermique dans une cuve agitée à savoir:

- *Double enveloppe extérieure simple*

L'écoulement n'est pas très bien défini à l'intérieur de la double enveloppe et les coefficients de transferts sont limités. Elle peut être segmentée pour augmenter la vitesse du liquide et éviter le rétro-mélange (Figure 12).

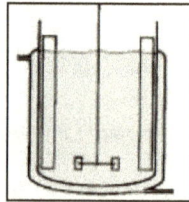

Figure 12. *Cuve avec double enveloppe* [8]

La double enveloppe peut être munie d'un demi-serpentin soudé. Ceci permet de contrôler la vitesse du fluide qui circule dans le demi-serpentin, appelé également demi-coquille.

- *Serpentin*

Le serpentin immergé peut être utilisé conjointement à une double enveloppe pour augmenter la surface d'échange. Il s'agit d'un tube enroulé sous forme d'un serpentin qui est soit immergé dans la cuve (Figure 13 a) ou bien enroulé sur sa surface extérieure (Figure 13 b).

a) b)

Figure 13. *Cuve avec serpentin* [12]

4. Conclusion

Dans ce chapitre, nous avons présenté la société SOTULUB au sein de laquelle nous avons effectué notre projet de fin d'études. La deuxième partie a été consacrée à la présentation de quelques notions sur les systèmes d'agitation et de transfert thermique qui permettront dans le chapitre suivant de mettre en œuvre la problématique traitée dans ce projet de fin d'études et de tout le calcul à faire.

Calcul des paramètres d'agitation et de chauffage

1. Introduction et Problématique

Les huiles usagées sont des mélanges de plusieurs éléments ayant différentes caractéristiques physiques et chimiques. Leur stockage doit être alors soigneusement étudié pour éviter le phénomène de décantation et assurer une charge homogène qui sert à améliorer la qualité d'huile obtenue à la fin du processus de régénération.

La première phase du processus de régénération consiste à chauffer l'huile usagée à une température d'environ 120°C en passant par deux échangeurs de chaleur. Dans le but d'améliorer cette opération, on suggère de préchauffer l'huile dans le réservoir avant d'être évacuée vers les échangeurs. En ce qui concerne la société SOTULUB, les deux bacs de charge sont deux réservoirs cylindriques de 1000 m³ de volume et dont les dimensions sont présentées dans la figure suivante :

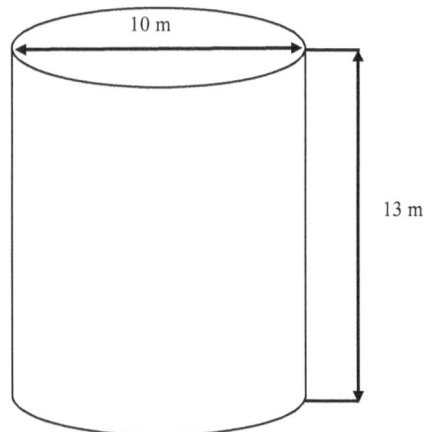

Figure 14. *Bacs de stockage des huiles usagées*

La problématique de ce projet de fin d'études est alors l'étude et la conception d'une part d'un système d'agitation pour assurer l'homogénéité de la charge et d'autre part d'un système de chauffage adéquat pour garantir le préchauffage désiré.

Ce chapitre a été organisé de la manière suivante: après avoir introduit la problématique, la deuxième partie concerne l'étude et la conception du système d'agitation. Avant de conclure, le calcul thermique et le dimensionnement du système de chauffage fera l'objet de la troisième partie.

2. Etude et conception du système d'agitation

2.1. Agitation dans une cuve tampon

L'agitation et le chauffage d'un volume de 1000 m^3 nécessite une grande quantité d'énergie. L'énorme valeur de la puissance à dissiper pour une simple opération d'homogénéisation de l'huile, dont on n'exploite que 50 m^3 par jour, nous pousse à penser à une autre configuration géométrique réalisable.

Afin d'assurer un mélange en dissipant un minimum d'énergie, on a pensé à une deuxième configuration qui consiste à prendre plusieurs piquages de différents niveaux du bac de charge et les mélanger dans une autre cuve dite cuve tampon. Cette configuration est représentée dans la figure suivante :

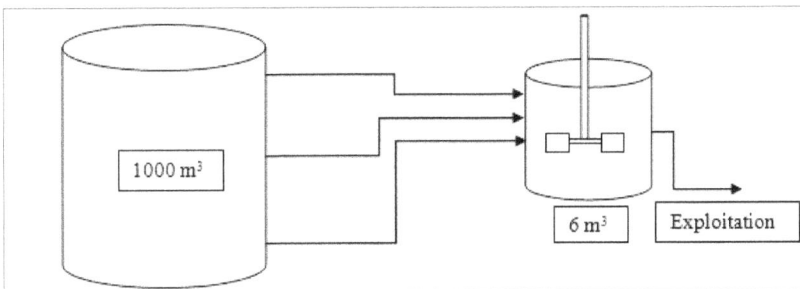

Figure 15. *Agitation et chauffage dans une cuve tampon*

2.2. Choix du mobile d'agitation

L'opération d'homogénéisation des mélanges liquides-liquides nécessite un mobile d'agitation qui assure un fort débit de pompage avec un faible cisaillement, c'est le cas des mobiles à débit axial dont les plus utilisés sont l'hélice marine, l'hélice tripales, l'hélice à pales inclinés.

L'un des plus célèbres constructeurs des mobiles d'agitation dans le monde est la société MIXEL. En se basant sur les critères déjà mentionnés, on peut choisir l'une des deux hélices présentées dans les catalogues. Le choix adéquat a été l'hélice TTP, présenté dans l'**annexe A.2.1** (b), vu qu'elle assure la fonction désirée avec un nombre de puissance plus faible.

> **Géométrie de la cuve**

La géométrie de la cuve est un facteur essentiel et déterminant pour une opération de mélange. En effet, la forme de la cuve influe directement sur la structure hydrodynamique des écoulements générés. Comme on a déjà évoqué dans le premier chapitre, il existe plusieurs formes de cuve. Dans notre cas, une cuve à fond bombé peut être choisie comme étant la forme la plus adéquate pour éliminer à la fois les zones mortes, les mauvais mélanges générés par les coins vifs dans une cuve à fond plat et le risque d'accumulation des impuretés métalliques existantes dans l'huile usagée dans ces coins. La cuve est aussi munie de quatre chicanes réparties sur sa circonférence. Le rôle de ces chicanes est l'élimination de vortex.

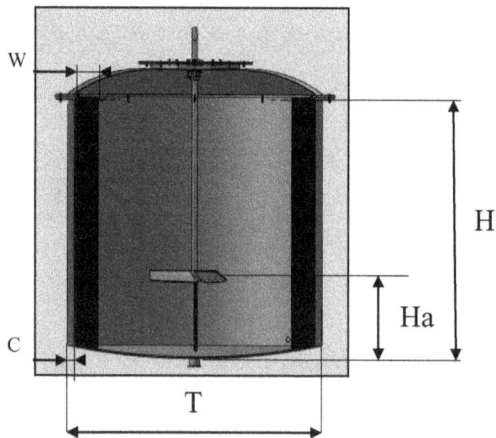

Figure 16. *Vue en coupe d'une cuve à fond bombé équipée de quatre chicanes*

Chapitre 2

Dans la configuration de la cuve présentée sur la Figure 16, les dimensions du système d'agitation sont comme suit :

Diamètre de la cuve : $T = 2\,m$

Hauteur de la cuve : $H = 2\,m$

Diamètre du mobile d'agitation: $D = \dfrac{T}{3}$

Hauteur mobile Ha: $Ha = \dfrac{T}{3}$

Chicane: $nc = 4;\ W = \dfrac{T}{10} = 0,2\,m;\ C = \dfrac{T}{50} = 0,04\ m$

2.3. Définition du régime hydrodynamique

Pour assurer une bonne agitation du milieu et consommer le minimum de puissance, il faut s'assurer que les écoulements générés dans la cuve se produisent en régime turbulent. Pour calculer le nombre de Reynolds de rotation, on utilise l'expression suivante :

$$Re = \frac{\rho N D^2}{\mu} \qquad (2.1)$$

En se basant sur les données de l'**annexe A.2.2** qui présente les conditions de fonctionnement optimales et celle de l'**annexe A.2.3**, qui résume les caractéristiques d'huile usagée, on obtient:

$N = 2.3\,tr\,/\,s$
$D = 0.6\,m$
$\rho = 960\,kg\,/\,m^3$
$\mu = 0.0576\ Pa.s$

La valeur du nombre de Reynolds $Re = 13800 \succ 10^4$ qui correspond au régime turbulent.

2.4.Calcul des paramètres d'agitation

> #### Calcul de la puissance

$$P = N_p \, \rho \, N^3 D^5 \qquad (2.2)$$

Pour $N_p = 0,45$, la valeur de la puissance trouvée est: $P = 408,71 \, W$

> #### Calcul du couple

Le couple moteur est calculé par la formule suivante:

$$C = \frac{P}{2\pi \, N} \qquad (2.3)$$

La valeur du couple moteur est alors: $C = 28,28 \, N \, m$

> #### Calcul du débit de pompage

$$Q_p = N_{Qp} N \, D^3 \qquad (2.4)$$

Pour $N_{QP} = 0,65$, le débit de pompage calculé est: $Q_P = 0,32 \, m^3/s$

> #### Calcul du débit de circulation

$$Q_P = N_{QC} N D^3 \qquad (2.5)$$

Avec $N_{Qc} = 1,8 \, N_{Qp} = 1,17$

Le débit de circulation est alors: $Q_c = 0,58 \, m^3/s$

> #### Calcul du temps de mélange

Le calcul du temps de mélange en régime turbulent est donné par la formule suivante :

$$N.t_m = cte \qquad (2.6)$$

Pour l'hélice TTP, la valeur de la constante est égale à 25. On a donc: $t_m = 11s$.

Pour résumer, les paramètres fonctionnels de notre système sont représentés par le tableau suivant :

Tableau 4. *Paramètres du système d'agitation*

N(tr/min)	P (W)	C (N.m)	Q_p(m³/s)	Q_C(m³/s)	t_m(s)
138	408,71	28,28	0,32	0,58 m³/s	11

3. Calcul thermique et dimensionnement du système de chauffage

On veut associer à l'agitation une opération de chauffage d'huile à une température de sortie $T_{fs} = 90°C$. Pour assurer cette opération, on a adopté plusieurs techniques et configurations. Dans ce qui suit, on présentera plusieurs configurations possibles tout en identifiant les paramètres nécessaires pour la mise en place de chacune d'elle.

Tous les calculs sont faits en se basant sur les caractéristiques d'huile usagée, vapeur saturée, condensat et celles d'huile de chauffe qui sont présentées respectivement dans les **annexes A2.3, A2.4, A2.5, et A2.6.**

3.1. Calcul thermique

Afin de dimensionner les différents systèmes de chauffage, on doit déterminer les surfaces d'échange dans toutes les configurations. Pour cela on doit résoudre les équations de bilan thermique pour deux fluides caloporteurs différents.

3.1.1. Chauffage par vapeur

L'apport de chaleur à l'huile usagée se fait en premier lieu par la condensation de la vapeur saturée circulant dans un serpentin à une température et pression constantes: $T_{vsat} = 180°C$ et $P = 10\,bar$. Ensuite, le condensat liquide résultant cède de la chaleur au produit pour sortir à $T_{cs} = 120°C$.

L'équation de flux de chaleur peut être exprimée en fonction de deux termes :

$$Q = Q_1 + Q_2 \tag{2.7}$$

En supposant que la cuve est parfaitement agitée, la température est donc la même dans touts points de la cuve et elle est égale à $T_{fs} = 90°C$. Donc Q_1, le flux résultant de la condensation de vapeur, s'exprime par:

$$Q_1 = \dot{m}_v L_{vap} = U_1 A_1 (T_{vast} - T_{fs}) \tag{2.8}$$

Et Q_2 est celle de condensât liquide :

$$Q_2 = \dot{m}_v Cp_{con} (T_{vast} - T_{cs}) = U_2 A_2 \, \Delta T_{ml1} \tag{2.9}$$

Avec $\quad \Delta T_{mll} = \dfrac{(T_{vsat} - T_{fs}) - (T_{cs} - T_{fs})}{\ln\left(\dfrac{T_{vsat} - T_{fs}}{T_{cs} - T_{fs}}\right)}$ (2.10)

Dans ce cas, la surface totale d'échange est la somme de celle servant pour la condensation et celle correspondante à la chaleur sensible échangée entre l'huile usagée et le condensât liquide. Le système à résoudre est:

$$\begin{cases} Q = \dot{m}_{hu} Cp_{hu} (T_{fs} - T_{fe}) \\ Q = \dot{m}_{v}[L_{vap} + Cp_{con}(T_{vsat} - T_{cs})] \\ Q = U_1 A_1 (T_{vsat} - T_{fs}) + U_2 A_2 \Delta T_{mll} \end{cases}$$ (2.11)

3.1.2. Chauffage par l'huile de chauffe

Le chauffage par huile de chauffe se fait par la réduction de température de ce dernier en transmettant de la chaleur vers le produit à chauffer qui est dans notre cas l'huile usagée.

$$\begin{cases} Q = \dot{m}_{hu} Cp_{hu} (T_{fs} - T_{fe}) \\ Q = \dot{m}_{hc} Cp_{hc} (T_{ehc} - T_{shc}) \\ Q = U A \, \Delta T_{ml2} \end{cases}$$ (2.12)

Avec

$$\Delta T_{ml2} = \dfrac{(T_{ehc} - T_{fs}) - (T_{shc} - T_{fs})}{\ln\left(\dfrac{T_{ehc} - T_{fs}}{T_{shc} - T_{fs}}\right)}$$ (2.13)

3.1.3. Calcul de la quantité de chaleur Q

La quantité de chaleur à fournir à l'huile usagée, supposée à une température initiale $T_{fe} = 20°C$ pour la chauffer à une température $T_{fs} = 90°C$, est donnée par l'expression suivante:

$$Q = \dot{m}_{hu} Cp_{hu} (T_{fs} - T_{fe})$$ (2.14)

Pour $\dot{m}_{hu} = 0,5833 \, kg/s$ et $Cp_{hu} = 2,3 \, kj/kg°C$, la valeur de chaleur obtenue est:

$Q = 93,911 \, KW$

3.1.4. Calcul du débit de vapeur nécessaire

La vapeur d'eau se condense à une température et pression constantes: $T_{vap} = 180°C$ et $P = 10\,bar$. Le débit de vapeur nécessaire est alors calculé à partir de l'égalité suivante :

$$Q = \dot{m}_{hu}\,Cp_{hu}\,(T_{fs} - T_{fe}) = \dot{m}_v[L_{vap} + Cp_{con}(T_{vsat} - T_{cs})] \qquad (2.15)$$

Ce qui donne:

$$\dot{m}_v = \frac{\dot{m}_{hu}\,Cp_{hu}\,(T_{fs} - T_{fe})}{L_{vap} + Cp_{con}(T_{vsat} - T_{cs})} \qquad (2.16)$$

Pour $L_{vap} = 2013,56\,kj/kg$, $Cp_{con} = 4,407\,kj/kg°C$ et $T_{cs} = 120°C$, la valeur du débit de vapeur est alors: $\dot{m}_v = 148,32\ kg/h$

3.1.5. Calcul de la température de sortie de l'huile de chauffe

Grâce à l'égalité suivante:

$$Q = \dot{m}_{hu}\,Cp_{hu}\,(T_{fs} - T_{fe}) = \dot{m}_{hc}\,Cp_{hc}\,(T_{ehc} - T_{shc}) \qquad (2.17)$$

La température de sortie d'huile de chauffe obtenue est donnée par la relation suivante:

$$T_{shc} = T_{ehc} - \frac{\dot{m}_{hu}\,Cp_{hu}(T_s - T_e)}{\dot{m}_{hc}\,Cp_{hc}} \qquad (2.18)$$

Pour $\dot{m}_{hc} = 0,33\ kg/s$ et $Cp_{hc} = 2,34\ kj/kg°C$, l'huile de chauffe entre alors dans le système de chauffage à une température $T_{ehc} = 360°C$ et en sort à une température $T_{shc} = 240°C$.

3.2. Dimensionnement des systèmes de chauffage

Pour effectuer les calculs de bilan thermique qui servent à dimensionner les différents systèmes de chauffage, il est nécessaire de connaitre les coefficients de transfert de chaleur : le coefficient de transfert, h_i côté fluide chaud et h_e du côté du fluide agité dans la cuve. On peut trouver dans la littérature de nombreuses corrélations permettant de calculer ces coefficients. Il existe en effet un grand nombre de combinaisons entre les types d'agitateurs et les surfaces d'échange.

D'une maniére générale, les corrélations ont la forme suivante :

$$Nu = C\,\mathrm{Re}^{a}\,\mathrm{Pr}^{b}\,vis^{c} \qquad (2.19)$$

Ces corrélations s'appliquent pour l'usage d'un fluide caloporteur. Pour la condensation, le calcul de coefficient h_i se fait de différentes manières.

3.2.1. Condensation de vapeur dans des tubes

Le calcul du coefficient h_i dépend de la disposition des tubes (position verticale ou position horizontale) ainsi du régime d'écoulement de vapeur Re. Définissons G_v comme étant le débit massique de condensât par unité de périmètre de tube qui est égal à $G_v = \dot{m}/\pi d_e$ pour une disposition verticale du tube et $G_v = \dot{m}/L$ pour une disposition horizontale. Quelque soit le mode de condensation, on peut utiliser les relations suivantes :

En régime laminaire ($\mathrm{Re} < 2100$): $\quad h_{moy} = 1.51 \left(\dfrac{4 G_v}{\mu} \right)^{-0.33} \cdot \left(\dfrac{\lambda^3 \rho^2 g}{\mu^2} \right)^{0.33}$ $\qquad (2.20)$

En régime Turbulent ($\mathrm{Re} > 2100$): $\quad h_{moy} = 0.007 \left(\dfrac{4 G_v}{\mu} \right)^{-0.33} \cdot \left(\dfrac{\lambda^3 \rho^2 g}{\mu^2} \right)^{0.33}$ $\qquad (2.21)$

Les expressions des Nombres de Reynolds et de débit massique G_v sont rassemblées dans le tableau de l'**annexe A.2.9.**

3.2.2. Condensation de vapeur sur une surface plane :

Le calcul de h_i dépend du régime d'écoulement de vapeur sur la surface. En effet,

En régime laminaire ($\mathrm{Re} < 2100$): $\quad h_{moy} = 1.51 (\mathrm{Re})^{-0.33} \cdot \left(\dfrac{\lambda^3 \rho^2 g}{\mu^2} \right)^{0.33}$ $\qquad (2.22)$

En régime Turbulent ($\mathrm{Re} > 2100$): $\quad h_{moy} = 0.007 (\mathrm{Re})^{-0.33} \left(\dfrac{\lambda^3 \rho^2 g}{\mu^2} \right)^{0.33}$ $\qquad (2.23)$

Avec $\mathrm{Re} = \dfrac{4 \dot{m}_{vap}}{\pi\, Dex\, \mu}$ et $Dex = T + 2e$

Dans ce que suit, on va présenter le calcul permettant de dimensionner le système de chauffage dans les configurations possibles tout en se basant sur les corrélations de condensation de vapeur et celles pour l'utilisation d'un fluide caloporteur pour chauffer une cuve chicanée et agitée par une hélice présentées dans l'**Annexe A2.10**.

3.2.3. Cas d'un serpentin immergé

Comme le montre la **Figure 17**, le chauffage est assuré en créant une surface d'échange, en immergeant un tube en serpentin dans la cuve où circule un fluide caloporteur qui cède de la chaleur à l'huile usagée.

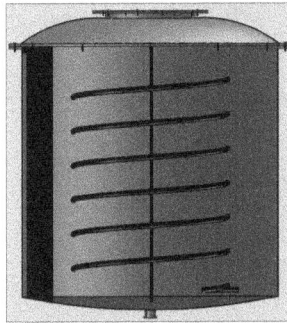

Figure 17. *Cuve avec serpentin immergé*

- *Chauffage par vapeur*

Le calcul se fait en se basant sur les valeurs présentées dans l'**annexe A2.7** qui présente les dimensions du serpentin et dans l'**annexe A2.5** qui présente les propriétés du condensât.

- **Calcul de la moyenne logarithmique des écarts de température ΔT_{ml1} :**

En prenant $T_{vsat} = 180°C$, $T_{fs} = 90°C$ et $T_{cs} = 120°C$, et en utilisant l'expression de ΔT_{ml1} (voir l'équation 2.10), on obtient: $\Delta T_{ml1} = 54.61°C$

- **Calcul du coefficient d'échange à l'extérieur du serpentin h_e :**

La corrélation utilisée est celle pour une cuve chicanée agitée par une hélice et équipée par un serpentin immergé qui se traduit par l'expression suivante:

$$Nu = \frac{h_e T}{\lambda_{hu}} = 1,31 \, Re^{0.56} \, Pr^{0.33} \left(\frac{d}{T}\right)^{-0.25} \left(\frac{C}{H}\right)^{0.15} \left(\frac{\mu}{\mu_p}\right)^{0.14} \qquad (2.24)$$

Le rapport de viscosité ($\frac{\mu}{\mu p}$) est supposé égal à 1. Le nombre de Reynolds est Re $= 13800$ et

le nombre de Prandtl est égal à $Pr = \dfrac{Cp_{hu}\mu_{hu}}{\lambda_{hu}} = 988$. Le coefficient d'échange à l'extérieur du

serpentin est alors $h_e = \dfrac{Nu\lambda_{hu}}{T}$. Pour Nu=2994, on obtient : $h_e = 200 \ W/m^2\,°C$

- **Calcul du coefficient d'échange à l'intérieur du serpentin h_i :**

Comme nous l'avons mentionné précédemment, ces coefficients sont les résultats de la condensation et de l'échange entre l'huile usagée et le condensât.

✓ *Condensation de vapeur*

Le tube en serpentin est disposé horizontalement. Par conséquent, le débit massique G_v et le Nombre de Reynolds sont ceux de la condensation à l'intérieur d'un Tube horizontal s'exprimant par:

$$G_v = \frac{2\dot{m}}{L} \qquad et \qquad Re = \frac{2G_v}{\mu} \qquad\qquad (2.25)$$

On constate que l'expression du débit massique G_v est en fonction de la longueur du tube. Pour cela, on doit effectuer un calcul itératif en se basant sur l'égalité suivante :

$$Q_1 = \dot{m}_v \, L_{vap} = U_1 \, A_1 \, (T_{vsat} - T_{fs}) \qquad\qquad (2.26)$$

Le coefficient d'échange à l'intérieur du serpentin aura donc l'expression suivante:

$$h_{i1} = 1.51 \left(\frac{4\dot{m}}{\mu L}\right)^{-0.33} \cdot \left(\frac{\lambda^3 \rho^2 g}{\mu^2}\right)^{0.33} \qquad\qquad (2.27)$$

Pour L= 41.87m, $G_v = 1.96 \ 10^{-3} \ kg/m\,s$ et $Re = 26.43 < 2100$, on a trouvé la valeur suivante du coefficient d'échange à l'intérieur du serpentin: $h_{i1} = 17286 \ W/m^2\,°C$.

✓ *Chauffage par condensât liquide :*

Le coefficient d'échange h_i entre le condensât liquide et l'huile usagée est calculé par la corrélation suivante:

$$Nu = \frac{h_i d_i}{\lambda_{vap}} = 0{,}021 \, Re^{0.85} \, Pr^{0.4} \left(\frac{d_i}{D_s}\right)^{0.1} \qquad\qquad (2.28)$$

Pour un Nombre de Reynolds $Re = \dfrac{4\,m_{con}}{\pi\,d_i\,\mu_{con}} = 10366$, un Nombre de Prandtl

$Pr = \dfrac{Cp_{con}\,\mu_{con}}{\lambda_{con}} = 0,977$ et $Nu = 37,74$, on obtient $h_{i2} = \dfrac{Nu\,\lambda_{con}}{d_i} = 745,5\ W/m^2\ {}^\circ C$

- **Calcul du coefficient global d'échange et de la surface d'échange :**

Pour déterminer la surface d'échange totale A, on doit tout d'abord calculer les coefficients globaux d'échange U_1 et U_2 qui sont généralement exprimés sous la forme suivante:

$$\frac{1}{U_i} = \frac{1}{h_i} + \frac{e}{\lambda_p \left(\dfrac{d_i + d_e}{2\,d_i} \right)} + \frac{1}{h_e \left(\dfrac{d_e}{d_i} \right)} \qquad (2.29)$$

Mais très souvent, durant le fonctionnement du système de chauffage avec la plupart des liquides un film d'encrassement se dépose graduellement sur les surfaces d'échange. Ces dépôts ont pour effet d'ajouter au cours du temps des résistances thermiques supplémentaires au transfert, abaissant ainsi la performance de système de chauffage. Le calcul de l'appareil est effectué, en général, avec la valeur limite de l'épaisseur de ce dépôt. Bien que ces dépôts correspondent à une résistance au transfert conductif dans un solide, on l'exprime sous forme d'une résistance à la convection. On définit les coefficients d'encrassement (coefficient de dépôt) notés h_{di} et h_{de}, et les facteurs d'encrassement $(1/h_{di})$ et $(1/h_{de})$ ainsi que des résistances limites d'encrassement:

$$R_{di} = \frac{1}{h_{di}A_i} \text{ et } R_{de} = \frac{1}{h_{de}A_e} \qquad (2.30)$$

En se basant sur l'**annexe A.2.11,** on a associé aux coefficients d'encrassement les valeurs suivantes : du côté fluide chaud (vapeur saturée) $h_{di} = 10000$ et du côté fluide froid (huile usagée) $h_{de} = 5000$.

Pour la condensation, le coefficient global d'échange s'exprime par:

$$\frac{1}{U_{i1}} = \frac{1}{h_{i1}} + \frac{e}{\lambda_p \left(\dfrac{d_i + d_e}{2\,d_i} \right)} + \frac{1}{h_e \left(\dfrac{d_e}{d_i} \right)} + \frac{1}{h_{di}} + \frac{1}{h_{de} \left(\dfrac{d_e}{d_i} \right)} \qquad (2.31)$$

Après calcul, on a trouvé un coefficient global d'échange ayant comme valeur: $U_{i1} = 206,32\ W/m^2\ {}^\circ C$.

En ce qui concerne le chauffage par condensât, le coefficient global d'échange est donné par l'équation suivante:

$$\frac{1}{U_{i2}} = \frac{1}{h_{i2}} + \frac{e}{\lambda_p \left(\dfrac{d_i + d_e}{2d_i}\right)} + \frac{1}{h_e \left(\dfrac{d_e}{d_i}\right)} + \frac{1}{h_{di}} + \frac{1}{h_{de}\left(\dfrac{d_e}{d_i}\right)}$$ (2.32)

Pour les mêmes conditions considérées, on a trouvé un coefficient global d'échange de: $U_{i2} = 163,12\ W/m^2\ {}^\circ C$.

Par conséquent, la surface d'échange nécessaire pour élever la température des huiles est la somme de deux surfaces d'échange calculées : celle pour la condensation de vapeur saturée et celle pour le chauffage avec le condensât. Donc la surface d'échange totale A_i est :

$$A_i = \pi d_i L + \frac{Q_2}{U_2 \Delta T_{ml1}} = 4,47 + 1,22 = 5,569\,m^2$$ (2.33)

Par suite, la longueur du serpentin obtenue est donnée par l'équation suivante:

$$L = \frac{A_i}{\pi d_i} = 53,3\,m$$ (2.34)

- *Chauffage par huile de chauffe*
  - • **Calcul de la moyenne logarithmique des écarts de température ΔT_{ml2}**

L'huile usagée est supposée parfaitement agitée. La température est alors uniforme dans tout le volume de la cuve et elle est égale à la température de sortie désirée T_s. D'autre part, l'huile de chauffe entre à une température initiale $T_{ehc} = 360\ {}^\circ C$ et sort à une température $T_{shc} = 240\ {}^\circ C$. La moyenne logarithmique des écarts de température entre les deux fluides est alors donnée par l'équation suivante:

$$\Delta T_{ml2} = \frac{(T_{ehc} - T_s) - (T_{shc} - T_s)}{\ln\left(\dfrac{T_{ehc} - T_s}{T_{shc} - T_s}\right)}$$ (2.35)

Le calcul aboutit à une moyenne logarithmique des écarts de température entre les deux fluides de $\Delta T_{ml2} = 203,16^\circ C$.

- **Calcul du coefficient d'échange à l'intérieur du serpentin h_i**

En utilisant l'égalité donnée par l'équation (2.28), et en prenant un Nombre de Reynolds

$Re = \dfrac{4 m_{hc}}{\pi d_i \mu_{hc}} = 38638$, un Nombre de Prandtl $Pr = \dfrac{Cp_{hc} \mu_{hc}}{\lambda_{hc}} = 10,4$ et Nu= 297, on a abouti

à un coefficient d'échange à l'intérieur du serpentin donné par:

$$h_i = \frac{Nu \lambda_{hc}}{d_i} = 629 \ W/m^2 \ ^\circ C \tag{2.36}$$

- **Calcul de coefficient d'échange à l'extérieur du serpentin h_e**

Le coefficient d'échange à l'extérieur du serpentin est calculé par la même corrélation utilisée pour le cas de chauffage par vapeur. On a trouvé: $h_e = 200 \ W/m^2 \ ^\circ C$.

- **Calcul du coefficient global d'échange et surface d'échange**

Le coefficient global d'échange est exprimé par:

$$\frac{1}{U_i} = \frac{1}{h_i} + \frac{e_s}{\lambda_{ps}\left(\dfrac{d_i + d_e}{2 d_i}\right)} + \frac{1}{h_e\left(\dfrac{d_e}{d_i}\right)} + \frac{1}{h_{di}} + \frac{1}{h_{de}\left(\dfrac{d_e}{d_i}\right)} \tag{2.37}$$

En prenant comme coefficients d'encrassement; du côté fluide chaud (huile de chauffe) $h_{di} = 18000$, du côté fluide froid (huile usagée) $h_{de} = 5000$, on a trouvé un coefficient global d'échange ayant la valeur suivante: $U_i = 157 \ W/m^2 \ ^\circ C$.

Or la quantité de chaleur échangée s'exprime comme suit:

$$Q = U_i A_i \Delta T_{ml2} \tag{2.38}$$

Ainsi, la surface d'échange utilisée est: $A_i = 2,92 \ m^2$. Par conséquent, la longueur du tube en serpentin est égale à $L = 27,5 \ m$.

Le tableau ci-contre regroupe tous les résultats de calcul relatif au chauffage par serpentin immergé.

Tableau 5. *Résultats de calcul pour le chauffage par serpentin immergé*

Fluide caloporteur	Nu_{i1}	Nu_{i2}	h_{i1} (W/m² °C)	h_{i2} (W/m² °C)	Nu_e	h_e (W/m² °C)	**L(m)**
Vapeur saturée	-	37,74	17 286	745,5	2994	200	**53,3**

Huile de chauffe	297	-	629	-	2994	200	**27,5**

3.2.4. Cas d'un demi serpentin soudé

La configuration de demi serpentin soudé, présentée par la figure 18, consiste à chauffer la paroi extérieure de la cuve par le passage d'un fluide caloporteur dans les spires enroulées sur cette dernière.

Figure 18. *Cuve avec demi-serpentin soudé*

- *Chauffage par vapeur*

En se basant sur les données de l'**annexe A2.8** qui présente les dimensions du demi serpentin soudé, on a déterminé dans cette section les coefficients d'échange h_i et h_e.

- **Calcul du coefficient d'échange à l'intérieur de la cuve h_e**

En utilisant l'équation suivante:

$$Nu = \frac{h_e T}{\lambda_{hu}} = 0,33 \ \text{Re}^{0.56} \ \text{Pr}^{0.33} \left(\frac{d}{T}\right)^{-0.25} \left(\frac{C}{H}\right)^{0.15} \left(\frac{\mu}{\mu_p}\right)^{0.14} \tag{2.39}$$

Le rapport de viscosité ($\frac{\mu}{\mu p}$) est supposé égal à 1. Le Nombre de Reynolds est $\text{Re} = 13800$ et le Nombre de Prandtl est égal à $\text{Pr} = 988$. Le coefficient d'échange à l'extérieur du serpentin, pour Nu=1956, est : $h_e = 131,08 \ W/m^2 \ {}^\circ C$.

Chapitre 2

- **Calcul du coefficient d'échange à l'intérieur du serpentin h_i**

  ✓ *Condensation de vapeur*

La condensation de vapeur saturée dans le demi-serpentin se fait comme s'il s'agissait d'un tube disposé horizontalement. Par conséquent, pour $L = 110,43\,m$, $G_v = 7,46\ 10^{-4}\ kg/m\ s$ et $Re = 10,02 < 2100$, on obtient la valeur suivante du coefficient d'échange à l'intérieur du serpentin: $h_{i1} = 23806,11\ W/m^2\ °C$.

  ✓ *Chauffage par condensât liquide :*

Le coefficient d'échange h_i entre le condensât liquide et l'huile usagée est calculé par la corrélation suivante :

$$Nu = \frac{h_i d_h}{\lambda_{con}} = 0,023\ Re^{0.8}\ Pr^{0.4} \tag{2.40}$$

Pour un Nombre de Reynolds $Re = \dfrac{4\,m_v}{\pi\,d_h\,\mu_{con}} = 8741,81$, un Nombre de Prandtl $Pr = \dfrac{Cp_{con}\,\mu_{con}}{\lambda_{con}} = 0,977$, Nu $= 32,44$, et pour un diamètre hydraulique exprimé par:

$d_h = \dfrac{\dfrac{4\pi d_i^2}{8}}{\pi \dfrac{d_i}{2} + d_i} = 0,0403\ m$, on obtient: $h_{i2} = \dfrac{Nu\,\lambda_{con}}{d_h} = 540\ W/m^2\ °C$.

- **Calcul du coefficient global d'échange**

En prenant la valeur du coefficient d'encrassement celle de côté fluide chaud (Vapeur) $h_{di} = 10000$, et en utilisant les expressions suivantes des coefficients d'échange :

$$\begin{cases} \dfrac{1}{U_{i1}} = \dfrac{1}{h_{i1}} + \dfrac{e_c}{\lambda_{pc}} + \dfrac{1}{h_e} + \dfrac{1}{h_{di}} \\ \dfrac{1}{U_{i2}} = \dfrac{1}{h_{i2}} + \dfrac{e_c}{\lambda_{pc}} + \dfrac{1}{h_e} + \dfrac{1}{h_{di}} \end{cases} \tag{2.41}$$

On a trouvé les valeurs des coefficients suivantes: $U_{i1} = 126,24\ W/m^2\ °C$ et $U_{i2} = 102,97\ W/m^2\ °C$.

- **Calcul de la surface d'échange**

La surface globale d'échange obtenue est exprimée par:

$$A_i = d_i L + \frac{Q_2}{U_2 \Delta T_{ml1}} = 7,28 + 1,93 = 9,22 \ m^2 \qquad (2.42)$$

Par conséquent, la longueur de demi serpentin est: $L = A_i / d_i = 139,8 \ m$

- *Cas de l'huile de chauffe*
  - **Calcul du coefficient d'échange à l'intérieur du demi-serpentin h$_i$**

Le coefficient d'échange h_i à l'intérieur du demi-serpentin est calculé par la corrélation suivante :

$$Nu = \frac{h_i d_h}{\lambda_{vap}} = 0,023 \ \mathrm{Re}^{0.8} \ \mathrm{Pr}^{0.4} \qquad (2.43)$$

Pour un Nombre de Reynolds $\mathrm{Re} = \dfrac{4 \, m_{hc}}{\pi \, d_h \, \mu_{hc}} = 32582,46$, un Nombre de Prandtl

$\mathrm{Pr} = \dfrac{Cp_{hc} \, \mu_{hc}}{\lambda_{hc}} = 10,4$, Nu $= 239,29$, et pour un diamètre hydraulique exprimé par:

$$d_h = \frac{\dfrac{4\pi d_i^2}{8}}{\pi \dfrac{d_i}{2} + d_i} = 0,0403 \ m \text{ , on obtient: } h_i = \frac{Nu \, \lambda_{hc}}{d_h} = 427,21 \ W / m^2 \ °C .$$

- **Calcul du coefficient d'échange dans la cuve h$_e$**

Le coefficient d'échange à l'intérieur de la cuve est calculé par la même corrélation utilisée pour le cas de chauffage par vapeur. On obtient: $h_i = 131,08 \ W / m^2 \ °C$

- **Calcul du coefficient global d'échange et de la surface d'échange**

En considérant la valeur du coefficient d'encrassement celle de côté fluide chaud (huile de chauffe) $h_{di} = 18000$, et en se basant sur la relation de l'expression (2.41), on obtient la valeur suivante du coefficient global d'échange: $U_i = 98.46 \ W / m^2 \ °C$.

Ainsi, la surface globale d'échange s'exprime par: $A_i = Q / U_i \Delta T_{ml2} = 4,48 m^2$. Par conséquent, la longueur de demi serpentin est: $L = 68 m$.

En conclusion, tous les résultats de calcul relatif au chauffage par demi-serpentin soudé sont résumés dans le **tableau 6**:

Tableau 6. *Résultats de calcul pour le chauffage par demi-serpentin soudé*

Fluide caloporteur	Nu_{i1}	Nu_{i2}	h_{i1} (W/m^2 °C)	h_{i2} (W/m^2 °C)	Nu_e	h_e (W/m^2 °C)	L(m)
Vapeur saturée	-	32,44	23 806,11	540	1956	131,08	**139**
Huile de chauffe	239,29	-	427,21	-	1956	131,08	**68**

3.2.5. Cas d'une double enveloppe

Dans cette configuration la paroi de la cuve est utilisée comme une surface d'échange. Le transfert de chaleur, comme la montre la **figure 19**, est assuré par une double enveloppe dans laquelle circule le fluide caloporteur.

Figure 19. *Cuve équipée d'une double enveloppe*

- *Chauffage par vapeur*

    • **Calcul du coefficient d'échange à l'intérieur de la double enveloppe h$_i$**
        ✓ *Condensation de vapeur*

Dans ce cas, le coefficient peut être calculé à partir de la corrélation qui donne le coefficient d'échange pour la condensation de la vapeur dans une double enveloppe. Cette corrélation dépend du régime d'écoulement. pour cela, on doit calculer tout d'abord le nombre de Reynolds pour $Dex = 2,01\ m$. On obtient: $\mathrm{Re} = \dfrac{4\,\dot{m}_{vap}}{\pi\,Dex\,\mu} = 175.35 < 2100$ ce qui correspondant au régime laminaire. Ainsi, le coefficient d'échange à l'intérieur de la double enveloppe est décrit par l'expression suivante:

$$h_i = 1{,}51 \, \text{Re}^{-0.33} \left(\frac{\lambda^3 \rho^2 g}{\mu^2} \right)^{0.33} \tag{2.44}$$

En utilisant les propriétés physiques du condensât liquide (voir l'**Annexe A2.5**), on obtient: $h_{i1} = 11637 \ W/m^2 \ °C$.

✓ *Chauffage par condensât de vapeur*

Le coefficient d'échange à l'intérieur de la double enveloppe est donné par l'équation suivante:

$$Nu = \frac{h_i \, D_{eq}}{\lambda_{hc}} = 0{,}027 \, \text{Re}^{0.8} \, \text{Pr}^{0.33} \tag{2.45}$$

En considérant que $Nu = 27{,}75$, et pour un diamètre équivalent $D_{eq} = \frac{d_2^2 - d_1^2}{d_2 - d_1} = 0{,}06$, un Nombre de Reynolds $\text{Re} = 5874$ et un Nombre de Prandtl $\text{Pr} = 0.977$, le coefficient d'échange obtenu est: $h_{i2} = 310{,}61 \ W/m^2 \ °C$

• **Calcul du coefficient d'échange à l'intérieur de la cuve h_e**

En utilisant la relation suivante:

$$Nu = \frac{h_e \, T}{\lambda_e} = 0.55 \, \text{Re}^{0.66} \, \text{Pr}^{0.33} \left(\frac{D}{T} \right)^{-0.25} \left(\frac{H_a}{H} \right)^{0.15} \tag{2.46}$$

On considérant que le Nombre de Reynolds $\text{Re} = 13800$ et le nombre de Prandtl est égal à $\text{Pr} = 988$, le coefficient d'échange à l'intérieur de la cuve est : $h_e = \dfrac{Nu \lambda_{hu}}{T}$. Pour Nu=3260, on obtient: $h_e = 218 \ W/m^2 \ °C$.

• **Calcul du coefficient global d'échange et de la surface d'échange**

Le calcul des coefficients d'échange a été effectué à partir des équations suivantes:

$$\begin{cases} \dfrac{1}{U_{i1}} = \dfrac{1}{h_{i1}} + \dfrac{e_c}{\lambda_{pc}} + \dfrac{1}{h_e} \\[3mm] \dfrac{1}{U_{i2}} = \dfrac{1}{h_{i2}} + \dfrac{e_c}{\lambda_{pc}} + \dfrac{1}{h_e} \end{cases} \tag{2.47}$$

ce qui donne: $U_{i1} = 208{,}56\,W/m^2\,°C$ et $U_{i2} = 126{,}13\,W/m^2\,°C$.

La surface d'échange est déterminée comme suit:

$$A_i = \frac{Q_1}{U_{i1}(T_{vsat} - T_{fs})} + \frac{Q_2}{U_{i2}\Delta T_{ml1}} = 4.42 + 1.58 = 6\,m^2 \qquad (2.48)$$

En supposant qu'on doit distribuer cette surface sur 4 plaques placées sur la surface latérale de la cuve, la surface par plaque obtenue sera: $\quad A_{ip} = 1{,}5\,m^2$

- *Chauffage par huile de chauffe*
  - **Calcul du coefficient d'échange à l'intérieur de la double enveloppe h_i**

En utilisant l'équation (2.45) et en prenant le Nombre de Reynolds $Re = \dfrac{4m_{hc}}{\pi D_{eq}\mu_{hc}} = 21894$

et le Nombre de Prandtl $Pr = 10{,}4$, on obtient $Nu = 173{,}48$. Le coefficient d'échange à l'intérieur de la double enveloppe est alors : $h_i = \dfrac{Nu\,\lambda_{hc}}{d_h} = 208{,}18\,W/m^2\,°C$.

  - **Calcul du coefficient d'échange dans la cuve h_e**

Le coefficient d'échange à l'intérieur de la cuve est calculé par la même corrélation utilisée pour le cas de chauffage par vapeur, on obtient: $h_e = 218\,W/m^2\,°C$.

  - **Calcul du coefficient global d'échange et de la surface d'échange**

En se basant sur l'expression (2.47), le calcul du coefficient global d'échange a été réalisé. On a trouvé: $U_i = 105.28\,W/m^2\,°C$

La surface d'échange est calculée de la manière suivante: $A_i = \dfrac{Q}{U_i\Delta T_{ml2}} = 4.39\,m^2$

En supposant qu'on doit distribuer cette surface en 3 plaques placées sur la surface latérale de la cuve, la surface par plaque obtenue est $A_{ip} = 1{,}46\,m^2$.

Le tableau ci-dessous résume tous les résultats de calcul correspondant au chauffage par une double enveloppe.

Tableau 7. *Résultats de calcul pour le chauffage par une double enveloppe*

Fluide caloporteur	Nu_{i1}	Nu_{i2}	h_{i1} (W/m²°C)	h_{i2} (W/m²°C)	Nu_e	h_e (W/m²°C)	A_i(m²)
Vapeur saturée	-	27,75	11637	310,61	3260	218	**6**
Huile de chauffe	173,48	-	208,18	-	3260	218	**4,39**

3.2.6. Chauffage par radia-plaque

Dans cette configuration les parois des chicanes, en plus que leur rôle d'élimination du vortex, sont utilisées comme étant la surface d'échange assurant le chauffage. Les chicanes sont alors formées par des tubes en serpentins, comme le montre la figure 20.

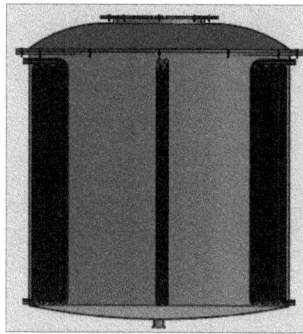

Figure 20. *Cuve équipée par des radia-plaque*

- *Chauffage par vapeur*
  - **Calcul du coefficient d'échange à l'intérieur de la cuve h_e**

Le coefficient d'échange à l'intérieur de la cuve est donné par l'équation suivante:

$$Nu = \frac{h_e T}{\lambda} = 0{,}28 \ Re^{0.67} \ Pr^{0.33} \qquad (2.49)$$

En considérant que le Nombre de Reynolds $Re = 13800$, que le Nombre de Prandtl $Pr = 988$, et pour Nu=1618, le coefficient d'échange obtenu est: $h_e = 108 \ W/m^2 \ °C$.

- **Calcul du coefficient d'échange à l'intérieur de la radia-plaque**

  ✓ *Condensation de vapeur*

Le tube de radia plaques est disposé verticalement. Donc le débit massique G_v et le nombre de Reynolds sont ceux de la condensation à l'intérieur d'un tube vertical et qui sont exprimés par:

$$G_v = \frac{\dot{m}}{\pi d_i} = 4,46 \, 10^{-4} \ kg/m \, s \qquad (2.50)$$

et

$$\mathrm{Re} = \frac{4 G_v}{\mu} = 11,98 < 2100 \qquad (2.51)$$

Dans ce cas le coefficient d'échange à l'intérieur de la radia-plaque, décrit par l'équation (2.22), a pour valeur $h_i = 28\,209 \ W/m^2 \ °C$.

  ✓ *Chauffage par condensât de vapeur*

Le calcul du coefficient d'échange dans le cas de chauffage par condensât de vapeur est donnée par la corrélation suivante :

$$Nu = \frac{h_i d_i}{\lambda_i} = 0,027 \ \mathrm{Re}^{0.8} \ \mathrm{Pr}^{0.33} \qquad (2.52)$$

Pour un Nombre de Reynolds $\mathrm{Re} = 10366.52$, un Nombre de Prandtl $\mathrm{Pr} = 0.977$ et pour $Nu = 43,7$, on obtient: $h_{i2} = \dfrac{Nu \ \lambda_{con}}{d_i} = 863,43 \ W/m^2 \ °C$.

- **Calcul du coefficient global d'échange et de la surface d'échange**

Afin de calculer les coefficients globaux d'échange, on a associé aux coefficients d'encrassement les valeurs suivantes; du côté fluide chaud (vapeur saturée) $h_{di} = 10000$, du côté fluide froid (huile usagée) $h_{de} = 5000$. Ainsi, les coefficients globaux d'échange donnés par les expressions (2.31) et (2.32) ont pour valeurs $U_{i1} = 89,19 \ W/m^2 \ °C$ et $U_{i1} = 81,07 \ W/m^2 \ °C$.

Par conséquent la surface d'échange obtenue est donnée par:

$$A_i = \frac{Q_1}{U_{i1}(T_{vsat} - T_{fs})} + \frac{Q_2}{U_{i2}\Delta T_{ml1}} = 10,34 + 2,46 = 12,8 \ m^2 \qquad (2.53)$$

La longueur totale est exprimée par: $L_{total} = \dfrac{A_i}{\pi d_i} = 119,92\ m$. Donc la longueur de tubes par chicane est $L = \dfrac{L_{total}}{4} = 30\ m$.

- **Chauffage par huile de chauffe**
  - **Calcul du coefficient d'échange à l'intérieur des radia-plaque h_i**

En utilisant l'égalité (2.52) et en prenant $Nu = 273,27$, le calcul du coefficient d'échange à l'intérieur des radiaplaques a été calculé tout en considérant que le Nombre de Reynolds $Re = 38638$ et que le Nombre de Prandtl $Pr = 10,4$ et ce qui donne: $h_i = 578\ W/m^2\ °C$.

  - **Calcul de coefficient d'échange dans la cuve h_e**

En adoptant la même corrélation utilisée dans le cas du chauffage par vapeur, on a calculé le coefficient d'échange à l'intérieur de la cuve: $h_e = 108\ W/m^2\ °C$

  - **Calcul du coefficient global d'échange et de la surface d'échange**

En prenant comme coefficients d'encrassement; du côté fluide chaud (huile de chauffe) $h_{di} = 18000$ et du côté fluide froid (huile usagée) $h_{de} = 5000$, le coefficient global d'échange calculé est $U_i = 77,76\ W/m^2\ °C$. Or la quantité de chaleur échangée est exprimée comme suit :

$$Q = U_i\ A_i\ \Delta T_{ml2} \tag{2.54}$$

Ceci donne une surface d'échange $A_i = 5,94\ m^2$ et une longueur totale $L_{total} = 55,67\ m$. Donc la longueur de tubes par chicane est $L = L_{total}/4 = 13,91\ m$.

Tous les résultats trouvés pour le chauffage par radia-plaque sont regroupés dans le tableau suivant:

Tableau 8. *Résultats de calcul pour le chauffage par radia-plaque*

Fluide caloporteur	Nu_{i1}	Nu_{i2}	$h_{i1}(W/m^2°C)$	$h_{i2}(W/m^2°C)$	Nu_e	$h_e(W/m^2°C)$	$Lc(m^2)$
Vapeur saturée	-	43,7	28209	863,43	3260	108	**30**
Huile de chauffe	273,27	-	578	-	3260	108	**13,91**

4. Interprétation et conclusion

Ce chapitre a été consacré au calcul des paramètres d'agitation et de chauffage. Comme recapitalisation, le tableau 9 regroupe tous les résultats du calcul thermique effectué pour les différentes configurations de systèmes de chauffage possibles.

Tableau 9. *Résultats de calcul thermique*

Configuration	Surface d'échange nécessaire (m²)	
	Vapeur	Huile de chauffe
Serpentin immergé	5,69	2,92
Demi-serpentin soudé	9,22	4,48
Double enveloppe	6	4,39
Radia-plaques	12,8	5,94

En comparant les valeurs des surfaces d'échange nécessaires en cas d'utilisation de la vapeur saturée comme fluide caloporteur, il est clair que le chauffage par serpentin immergé nécessite la surface d'échange la plus réduite. D'autre part, cette configuration présente plus de risque par rapport à une double enveloppe ou un demi-serpentin soudé puisqu'il y a un contact direct avec l'huile usagée qui est un milieu très corrosif.

En cas d'utilisation de l'huile de chauffe comme fluide caloporteur on remarque que la surface d'échange est nettement plus faible. Mais le risque de corrosion du système est plus élevé dans cette configuration. Il vaut mieux donc utiliser une double enveloppe ou bien mieux un demi-serpentin soudé avec une surface d'échange plus grande par rapport à celle du serpentin immergé, mais avec plus de sécurité.

Chapitre 3 :

Conception et dimensionnement des éléments du système d'agitation

1. Introduction

Dans ce chapitre, on va présenter en premier lieu le système d'agitation tout en décrivant ces différents composants. Une étude de conception sera présentée par suite pour définir les différentes solutions technologiques et sélectionner celles qu'on a adoptées à notre système. Plusieurs critères sont indispensables pour le choix d'une solution comme la disponibilité des pièces standards, le respect des conditions de fonctionnement et la facilité de montage et de démontage.

2. Présentation et description du système d'agitation

Le système d'agitation, représenté dans la figure 21, est composé d'un motoréducteur (1) qui fournit la puissance nécessaire au fonctionnement et d'une ligne d'arbre constituée par un arbre supérieur (9) lié d'une coté à ce dernier par un accouplement rigide (2) et de l'autre coté à un arbre inférieur par un accouplement élastique (10). L'hélice TTP, qui est l'élément principal qui assure l'agitation, est encastrée sur l'arbre inférieur par des vis.

Le guidage en rotation de l'arbre supérieur est assuré par une tourelle (6) qui contient le montage des roulements ainsi que la garniture mécanique (7) assurant l'étanchéité de la cuve et du système d'agitation.

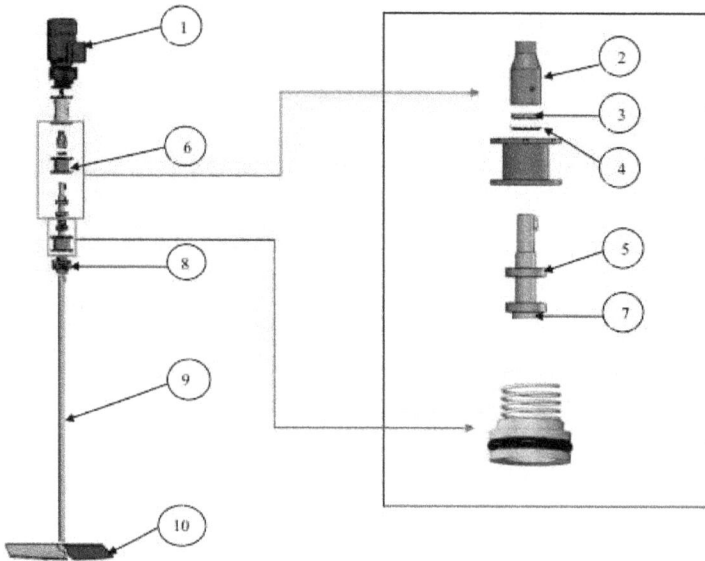

a) Vue d'ensemble éclaté   b) Vues détaillées

Repère	Désignation	Quantité
(1)	Motoréducteur	1
(2)	Accouplement	1
(3)	Ecrou à encoche	1
(4)	Rondelle frein	1
(5)	Roulements à billes à contact oblique	2
(6)	Tourelle	1
(7)	Arbre supérieur	1
(8)	Accouplement élastique	1
(9)	Arbre inférieur	1
(10)	Hélice TTP	1

c) Composants du système d'agitation

Figure 21. *Système d'agitation*

3. Choix de moteur

D'après les résultats de calcul des paramètres d'agitation présentés dans le deuxième chapitre, et en se référant aux catalogues donnés par le constructeur du mobile d'agitation

MIXEL (voir l'**annexe A2.2**), on a choisi de monter un motoréducteur à engrenage cylindrique NORDBLOC de référence SK172.1-90SH/4 présenté sur la figure suivante:

Figure 22. *Motoréducteur*

Les caractéristiques du motoréducteur utilisé sont présentées sur le tableau suivant:

Tableau 10. *Caractéristiques du motoréducteur*

Puissance (KW)	Couple nominal (Nm)	Vitesse de sortie (tr/min)	Poids (Kg)
1,1	74	138	60

4. Calcul de l'arbre d'agitation

L'arbre d'agitation est la pièce qui assure la transmission de puissance entre le motoréducteur et le mobile d'agitation. La ligne d'arbre comprend :

-   un arbre guidé, dit arbre supérieur, sur lequel repose les roulements. C'est le diamètre de cet arbre qui est pris en compte pour la reprise des efforts.
-   un arbre inférieur sur lequel est fixé le mobile. Un arbre inférieur tubulaire permet un gain appréciable de poids et d'augmenter ainsi la vitesse critique.

4.1. Choix du matériau de l'arbre d'agitation

Le choix du matériau adéquat pour l'arbre d'agitation dépend essentiellement de la nature du milieu à agiter. En effet, l'huile usagée est un milieu très corrosif. On doit alors choisir l'un des aciers inoxydables les plus utilisés en industrie. Le tableau suivant présente deux nuances d'aciers inoxydables parmi lesquelles on peut choisir la plus convenable à notre application.

Tableau 11. *Propriétés mécaniques des aciers inoxydables.*

Nuances	Re$_{0.2}$à 20°c (MPa)	Re$_{0.2}$à 140°c (Mpa)	Rm (Mpa)	Allongement à la rupture (%)	Module de Young (Gpa)	Densité (kg/m³)
1.404 (316L)	200	170	530	45	195	8000
1.307(304L)	200	170	520	40	195	7900

On a choisi alors l'acier 304L vue que ses propriétés mécaniques sont satisfaisantes et sa masse volumique est plus faible que celle du 316L.

4.2. Calcul du diamètre de l'arbre

Le calcul de dimensionnement de l'arbre d'agitation est basé sur les formules présentées en **Annexe A3.2**. On a commencé alors par la définition des moments quadratique et polaire. En effet, le moment quadratique diamétral (I) de la section d'un arbre est décrit par:

- pour un arbre plein:

$$I = \frac{\pi d_a^4}{64} \tag{3.1}$$

Avec d$_a$ est le diamètre de l'arbre.

- pour un arbre tubulaire:

$$I = \frac{\pi (d_e^4 - d_i^4)}{64} \tag{3.2}$$

Avec d$_e$ et d$_i$ sont les diamètres intérieur et extérieur de l'arbre.

En ce qui concerne, le moment quadratique polaire (I$_0$) de la section de l'arbre, appelé aussi moment d'inertie, est exprimé par:

- pour un arbre plein:

$$I_0 = \frac{\pi d_a^4}{32} \tag{3.3}$$

- pour un arbre tubulaire:

$$I_0 = \frac{\pi \ (d_e^4 - d_i^4)}{32} \qquad (3.\,4)$$

Communément, on appelle module de torsion le terme I_0/v et module de flexion I/v (avec $v = da/2$ ou $v = de/2$ suivant le type d'arbre).

4.2.1. Cas d'un arbre plein

Contrainte de Von Mises ou contrainte idéale

La contrainte admissible en flexion est η_a est donnée par les équations suivantes:

$$\eta_a = \frac{R_e}{S}$$
$$\eta_a \geq \sqrt{\eta^2 - 4\tau^2} \qquad (3.\,5)$$

Avec $\eta = \dfrac{M_f}{\left(\dfrac{I}{v}\right)} + \dfrac{F_a \pm m_g}{\pi \dfrac{d_a^2}{4}} + p$ et $\tau = \dfrac{M_t}{\left(\dfrac{I_0}{v}\right)}$

On obtient alors :

$$\eta_a = 68\ \mathrm{MPa}$$

Or $\dfrac{I}{v} = \dfrac{\pi d_a^3}{32}$, $\dfrac{I_0}{v} = \dfrac{\pi d_a^3}{16}$ et $M_f = 2\dfrac{M_t}{D} L_a = 145.65\ N.m$ (**annexe 3.8**) :

$$d_a > \sqrt[3]{\frac{32}{\pi\eta_a}\sqrt{M_f^2 + M_t^2}} \qquad (3.\,6)$$

$d_a > 28{,}11$ mm

4.2.2. Cas d'un arbre Tubulaire

Comme on a déjà décrit précédemment, un arbre tubulaire est plus avantageux que celui plein. En se basant sur le calcul précédent, on a choisi un arbre tubulaire convenable. Le choix a été fait à partir d'un catalogue d'arbre en acier inoxydable présenté dans l'**Annexe A.3.5**. Soit alors: $d_e = 40$ mm et $d_i = 28$ mm .

49

Les conditions à vérifier en cas contrainte de Von Mises ou contrainte idéale

- Torsion pure: $\dfrac{(d_e^4 - d_i^4)}{d_e} > \dfrac{32}{\pi\eta_a}\sqrt{M_f^{\,2} + M_t^2}$ (3.7)

Dans notre étude, la condition a été vérifiée et on a trouvé que $4{,}86\ 10^{-5} > 2{,}22.\ 10^{-5}$.

5. Liaison Motoréducteur-Arbre supérieur

Sur la figure 31, on a présenté l'accouplement qui assure l'entrainement de l'arbre supérieur avec le motoréducteur. Cet accouplement est de type monobloc. L'arrêt en rotation se fait dans les deux cotés par des clavettes dont un calcul de dimensionnement sera discuté ultérieurement. Trois vis à téton sont montés à chaque côté de l'accouplement assurant ainsi l'arrêt en translation entre ce dernier et l'arbre supérieur d'une part et le motoréducteur d'autre part. On a choisi ce type d'accouplement grâce à la facilité de montage et de démontage en cas d'entretien.

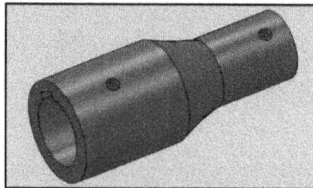

Figure 23. *Accouplement*

5.1. Choix et dimensionnement des clavettes

La transmission par clavette est favorable dans notre cas vue l'importance du couple à transmettre. Cependant, la variation brusque de la section de l'arbre causée par la présence d'une rainure de clavette engendre l'apparition des zones de concentration de contrainte. Pour cela, afin de minimiser les contraintes, on a choisi une clavette de type mince pour diminuer le coefficient de concentration des contraintes K_t. La section de la clavette (largeur – hauteur) est définie par la norme NFE-22-177. A chaque plage de diamètre d'arbre correspond une hauteur et une largeur de clavette. On a choisi, d'après l'**Annexe A.3.3** issu du guide de dessinateur, deux clavettes de forme A dont les dimensions sont présentées dans le tableau suivant :

Tableau 12. *Dimensions des clavettes*

Désignation	Largeur a (mm)	Hauteur b (mm)
Clavette coté motoréducteur	6	6
Clavette coté arbre supérieur	12	8

- **Vérification au cisaillement**

Pour qu'une clavette résiste au cisaillement, il faut que la contrainte τ soit inférieure ou égale à Rpg.

On considère que la surface cisaillée S_c (mm²) est donnée par:

$$S_c = a\,L \tag{3. 8}$$

Où « a » désigne la largeur de la clavette en mm et « L » est la longueur de la clavette en mm.

L'effort appliqué sur la clavette F (N) est exprimé donc par:

$$F = \frac{2\,C}{D} \tag{3. 9}$$

Avec C représente le couple dans l'arbre en N.mm et D est le diamètre de l'arbre en mm. Par conséquent la contrainte de cisaillement τ (MPa) à vérifier est décrite par l'inégalité suivante:

$$\tau = \frac{F}{S_c} = \frac{2\,C}{a\,L\,D} \le Rpg \tag{3. 10}$$

Ou Rpg désigne la résistance pratique élastique au glissement (ou cisaillement) et qui s'écrit sous la forme suivante:

$$Rpg = \frac{R_g}{s} \tag{3. 11}$$

avec s est le coefficient de sécurité (généralement égale à 2) et R_g varie entre $0,5\,R_e$ et $0,8\,R_e$, ou R_e représente Résistance élastique à la traction. La longueur de la clavette doit donc vérifier la condition suivante :

$$L \geq \frac{2C}{a\,RpgD} \qquad (3.12)$$

Dans notre cas d'étude, les clavettes utilisées sont en acier dont la limite élastique R_e est égale à 235 MPa et on a pris $R_g = 0,8\,R_e$.

- **Vérification au matage**

Pour qu'une clavette résiste au matage, il faut que la pression de matage P soit inférieure ou égale à la pression admissible Pa. Pour vérifier cette condition, on a considéré une surface matée note S_m (mm²) et qui est donnée par l'équation suivante:

$$S_m = \frac{bL}{2} \qquad (3.13)$$

Ou « b » est la hauteur de la clavette en mm et « L » est la longueur de la clavette en mm.

La pression de matage Pm (MPa) est donnée par l'équation suivante:

$$P_m = \frac{F}{S_m} \qquad (3.14)$$

Ou F est l'effort appliqué sur l'arbre exprimé par l'expression (2.12).

La pression admissible Pa (MPA) dépend du clavetage. En effet, en clavetage glissant sous charge, elle varie de 2 à 20 MPa. Par contre en clavetage glissant sans charge, la pression admissible varie de 20 à 50 MPa. Le cas le plus fréquent est le clavetage fixe dont lequel la pression admissible varie entre 40 à 150 MPa. Dans notre cas d'étude, on a pris Pa = 100 MPa.

Les résultats de calculs sont présentés dans le tableau suivant :

Tableau 13. *Résultats de calculs des clavettes*

Désignation	$L_{\text{cisaillement}}$ (mm)	L_{matage} (mm)
Clavette coté motoréducteur	12,3	18,5
Clavette coté arbre supérieur	3,28	13,21

Pour les clavettes de type A, on a:

$$L_{\text{active}} = L_{\text{totale}} - a \qquad (3.15)$$

Par conséquent, la longueur totale minimale des clavettes est donnée sur le tableau suivant :

Tableau 14. *Longueurs des clavettes*

Désignation	L $_{totale}$ (mm)
Clavette coté motoréducteur	24,5
Clavette coté arbre supérieur	25,21

On a choisit finalement de monter deux clavettes de type A de longueur 28 mm.

5.2. Dimensionnement des vis à téton

Les vis à téton sont sollicitées au cisaillement à cause du couple moteur auquel elles sont soumises. Pour qu'une vis résiste au cisaillement, il faut que la contrainte τ soit inférieure ou égale à Rpg. Pour vérifier cette condition, il suffit de développer un calcul similaire à celui de cisaillement d'une clavette mais avec une surface cisaillée égale à: $S_c = \pi\, d^2$ ou « d » est le diamètre du vis en mm. Ainsi, on a calculé le diamètre de la vis qui doit vérifier la condition suivante:

$$d_{vis} \geq \sqrt{\frac{2C}{\pi\, RpgD}} \qquad (3.16)$$

On obtient un diamètre minimal égal à 3,53 mm. On a choisit donc de monter des vis à téton M4.

6. Guidage en rotation de l'arbre

6.1. Chaine cinématique

La conception de la chaîne cinématique d'un agitateur peut se faire de trois façons différentes, comme elle est montrée dans la **figure 32**. Elle dépend de la manière dont les efforts sont repris.

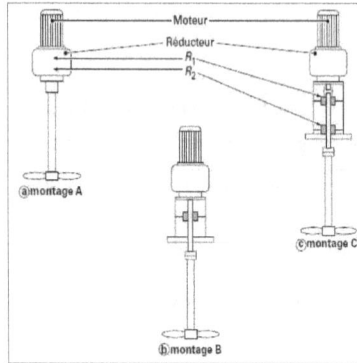

Figure 24. *Les trois types de montage d'un agitateur* [13]

- *Montage A:*

Ce montage présente un arbre monté avec un moteur et un réducteur sans palier. En addition de transmission de couple, le réducteur supporte l'effort axial, les efforts radiaux R1 et R2 et le moment de flexion.

- *Montage B:*

Dans ce montage l'arbre d'agitation est monté avec un moteur, un réducteur et une tourelle avec un palier. Le rôle du réducteur est de transmettre le couple et de supporter l'effort axial et l'effort radial R2. La tourelle avec un palier permet de supporter l'effort radial R1 et le moment de flexion.

- *Montage C:*

L'arbre d'agitation est monté avec un moteur, un réducteur qui transmit le couple, et une tourelle avec deux paliers qui supportent l'effort axial et les efforts radiaux R1 et R2.

6.2. Forces en jeu

La **figure 33** schématise les forces qui s'exercent sur un mobile d'agitation en rotation.

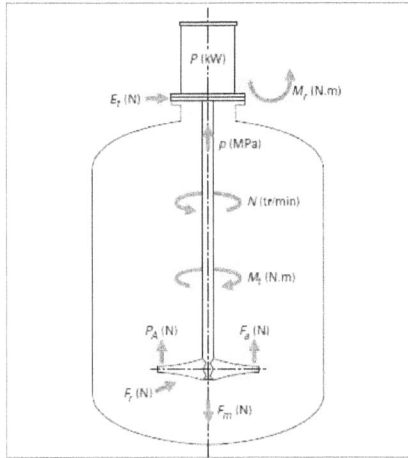

Figure 25. *Forces s'exerçant sur l'agitateur en rotation* [13]

D'après ce schéma, on constate l'existence de différents types de forces:

▪ Forces statiques indépendantes de la rotation des mobiles qui sont:

- la pression dans l'enceinte : p,

- le poids des éléments tournants : $(m_a + m_m)\, g$,

- la force d'Archimède : P_A.

▪ Efforts dû à la rotation des mobiles

- une force axiale (F_a), générée par la poussée du mobile, dont la direction et l'amplitude dépendent du type du mobile.

- une force radiale (F_r), dont l'intensité et le point d'application sont fluctuants. En effet, si le mouvement du liquide était parfaitement « régulier » en intensité et en direction, l'ensemble serait équilibré et la force radiale engendrée par l'agitation serait nulle. Elle inclut les défauts d'alignement et d'équilibrage.

Le système subira donc les réactions dues au couple moteur M_t, à la réaction axiale F_A et à la réaction radiale : F_r.

Les efforts décrits engendrent des contraintes sur le système d'agitation (cisaillement, allongement) et sur la cuve (charge statique, charge dynamique, effort tranchant, moment de renversement).

6.2.1. Force axiale

La Force axiale résultante est décrite par l'expression suivante (**annexe 3.1**):

$$F_A = F_m - F_P - P_A - F_a \qquad (3.17)$$

Avec

$$F_m = g(m_m + m_a) \qquad (3.18)$$

$$F_P = \frac{p\pi d_a^2}{4} \qquad (3.19)$$

$$P_A = \rho_h g(V_m + V_a) \qquad (3.20)$$

$$F_a = \frac{2\rho N_q^2 N^2 D^4}{\pi g} \qquad (3.21)$$

Les données considérées afin de faire le calcul de toutes les forces sont: m_m= 60Kg, m_a=11.06 kg, $d_a = 40$ mm, $V_a = 0,001\ m^3$, $V_m = 0,0075\ m^3$. Les résultats de calcul sont présentés dans le tableau suivant :

Tableau 15.*Calcul de la force axiale*

Force	valeur
Fm	697 N
Fp	0,0026 N
PA	81 N
Fa	18 N
FA=597,997 N	

6.2.2. Force radiale

La force radiale a été calculée à partir de l'équation suivante (**annexes 3.1**):

$$F_R = \frac{2M_t}{d} \qquad (3.22)$$

La force radiale obtenue est égale à $F_r = 94$ N.

6.3. Tourelle de guidage

La tourelle de guidage (**Figure 26**) est un élément principal dans la chaine cinématique du système d'agitation. Cet élément permet d'assurer la liaison cuve-système d'entraînement, le maintien des paliers de guidage et l'intégration du dispositif d'étanchéité éventuel.

Une tourelle de guidage comporte plusieurs pièces d'usure (roulements, accouplement élastique, étanchéité) et son accessibilité doit être aisée. En plus, elle peut être pourvue d'un dispositif d'extraction latérale du système d'étanchéité, sans enlèvement de l'agitateur.

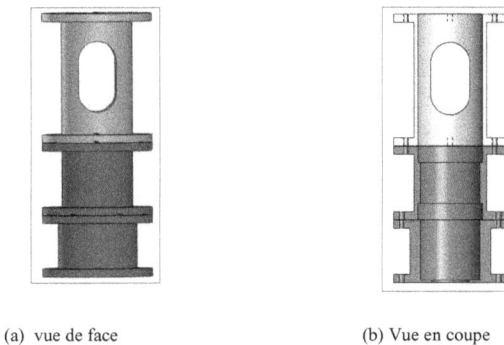

(a) vue de face   (b) Vue en coupe

Figure 26. *Tourelle de guidage*

6.4. Choix et montage des roulements

Pour assurer la transmission de couple vers l'arbre d'agitation sans que le réducteur supporte des charges qui influent sur son rendement, on a choisi le montage C avec deux paliers. En se basant sur l'**annexe A.3.6** qui présente l'aptitude de divers roulements de supporter les charges radiales et axiales, on a choisi de monter des roulements à billes à contact oblique. Ce type de roulements ne supporte un effort axial que dans un seul sens; il faut donc les monter par paire (en X, en O).

Puisque les efforts proviennent de l'hélice qui se trouve à l'extérieur de la tourelle et vu que le critère de la rigidité de l'arbre est prépondérant ainsi que la charge dans notre cas est en rotation par rapport à l'alésage on adopte alors un montage O.

Ce montage a l'avantage d'être facilement réglable et démontable et peut supporter convenablement les efforts axiaux et radiaux induits par le fluide. Cependant, c'est à cause de la flexion de l'arbre, un phénomène de voilage risque de déformer périodiquement l'arbre et créer un phénomène vibratoire ennuyeux pendant le fonctionnement.

Dans cette solution un épaulement au niveau de la tourelle assure l'arrêt en translation des bagues extérieures. Les deux obstacles au niveau des bagues intérieures sont assurés par un épaulement au niveau de l'arbre supérieur et un écrou à encoches qui permet aussi le réglage de jeu des roulements.

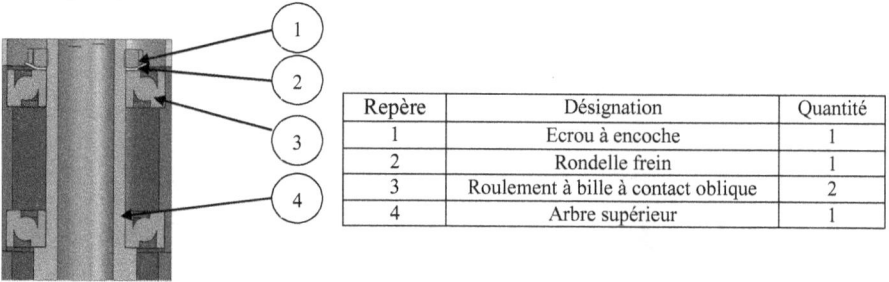

Repère	Désignation	Quantité
1	Ecrou à encoche	1
2	Rondelle frein	1
3	Roulement à bille à contact oblique	2
4	Arbre supérieur	1

(a) Vue en coupe du montage des roulements   (b) Composants du montage des roulements

Figure 27. *Montage des roulements*

6.4.1. Calcul des roulements

Dans ce paragraphe, on va vérifier la durée de vie des roulements. Pour cela; on doit déterminer tout d'abord les forces appliquées sur chaque roulement.

> **Forces appliquées sur chaque roulement**

En se basant sur le principe fondamental de statique PFS :

$$\begin{cases} \sum \vec{M} = \vec{0} \\ \sum \vec{F} = \vec{0} \end{cases}$$

(3. 23)

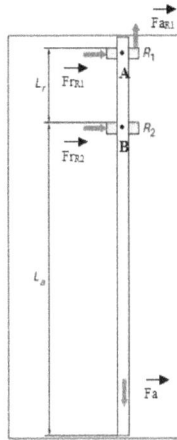

Figure 28. Arbre d'agitation

En appliquant la somme des moments par rapport aux points A et B on obtient respectivement :

$$\begin{cases} F_r.(L_r+L_a) = F_{rB}.L_r & (3.24) \\ F_r.L_a = F_{rA}.L_r & (3.25) \end{cases}$$

$$F_{rB} = 2409,43 \text{ N}$$

$$F_{rA} = 2326,21 \text{ N}$$

Pour les roulements à billes à contact oblique la charge radiale induit une charge axiale qui peut être calculée à partir de l'**annexe A.3.8.**

$$F_{aB} = R.F_{rB} \quad \text{et} \quad F_{aA} = F_{aB} + F_a \qquad (3.26)$$

Avec R est déterminé à partir de diagramme présenté dans l'**annexe A.3.9**, R = 0,92.

$$F_{aB} = 2216,67 \text{ N et } F_{aA} = 2814,53 \text{ N}$$

➤ **Calcul de la charge dynamique équivalente**

Pour un roulement à billes à contact oblique la charge dynamique équivalente est donnée par (**annexe A.3.10**) :

Chapitre 3

$$\begin{cases} Si \ \dfrac{F_a}{F_r} < e \quad alors \quad P = F_r \\ Si \ \dfrac{F_a}{F_r} > e \quad alors \quad P = X\,F_r + Y\,F_a \end{cases} \qquad (3.\,27)$$

Avec e, X et Y sont des valeurs données par le constructeur (voir l'**Annexe A.3.7**).

- Pour le roulement A :

$$\frac{F_a}{F_r} = 1{,}2 > e = 1{,}14 \quad alors \quad P = X\,F_r + Y\,F_a = 2418{,}45N$$

- Pour le roulement B :

$$P = F_r = 2409{,}43 \text{ N}$$

> ➢ **Calcul de la durée de vie**

La durée de vie en heures d'un roulement est donnée par :

$$L_{10} = \left(\frac{C}{P}\right)^3 \qquad (3.\,28)$$

$$L_{10H} = \left(\frac{L_{10}\cdot 10^6}{60.N}\right) \qquad (3.\,29)$$

- Roulement A :

$$L_{10H} = 350\ 602 \text{ H}$$

- Roulement B :

$$L_{10H} = 354\ 555 \text{ H}$$

7. Etanchéité du système

La présence d'un arbre en rotation requiert une étanchéité dynamique qui peut être imposée par une pression opératoire différente de la pression atmosphérique, soit par une température proche de la température de vaporisation du mélange, soit suite à des produits nocifs pour l'environnement du réacteur ou suite à des produits exigeant une isolation vis-à-vis du milieu extérieur (atmosphère stérile, inertage pour éviter l'oxydation, etc.).

En se basant sur le tableau présenté par l'**Annexe A3.11** qui rassemble les principales étanchéités utilisées et leurs tenues moyennes, on a choisi de monter une garniture mécanique simple.

Cette garniture est représentée sur la **Figure 29**. Elle est constituée de deux pièces indépendantes, une pièce fixée sur l'arbre et l'autre est fixée sur le moyeu. Chaque partie est relativement immobilisée par un joint torique pour assurer l'étanchéité statique. La partie fixe est en appui plan avec la partie mobile. Le maintien en contact est assuré par un ressort de compression qui exerce en permanence une pression de contact relativement importante au niveau de l'appui plan. Les différents composants qui constituent la garniture sont présentés dans le tableau de la **Figure 29 (c).** Les surfaces de contact entre les deux parties sont en carbure de silicium. Ce choix de matériau est justifié par le risque d'usure élevé et le l'exigence d'un coefficient de frottement relativement faible pour minimiser la résistance au mouvement.

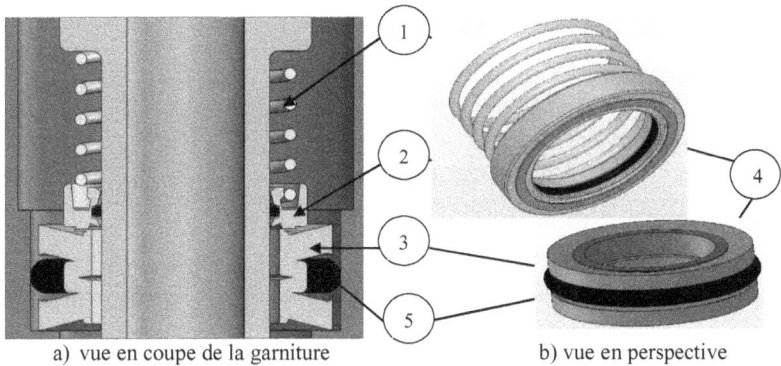

a) vue en coupe de la garniture   b) vue en perspective

Repères	Désignations	Quantité
1	Ressort	1
2	Pièce immobile par rapport à l'arbre	1
3	Pièce immobile par rapport au moyeu	1
4	surface en carbure de silicium	2
5	Joint torique	2

c) Composants de la garniture

Figure 29. *Montage et composants de la garniture mécanique*

8. Liaison des deux arbres

La liaison entre l'arbre supérieur et celui inférieur est assurée par un accouplement élastique ZEROMAX représenté sur la **figure 30**.

Figure 30. *Accouplement*

La fixation des deux arbres de part et d'autre de l'accouplement se fait par une clavette et deux vis.

9. Comportement vibratoire du système

Tout système en rotation possède une fréquence propre (naturelle) de vibration à laquelle correspond une vitesse de rotation, dite vitesse critique N_c. On distingue la vitesse critique de flexion qui concerne la plupart des agitateurs et la vitesse critique de torsion qui concerne peu les agitateurs courants. L'amplitude des vibrations dues aux conditions d'agitation définit un domaine de vitesse dans lequel il y a un risque de déformation permanente de certains organes, voire de rupture. Cette zone de vitesse de rotation, fortement déconseillée pour le bon fonctionnement d'un agitateur, s'étend environ de $0,7 N_c$ à $1.,5 N_c$. En faisant la classification de vitesse selon la valeur de N_c, on distingue deux types de vitesses:

- **Vitesse hypercritique (N>Nc)**

Le choix d'une vitesse de rotation hypercritique est déconseillé dans le cas d'un procédé nécessitant des séquences de vidange ou de remplissage. La vitesse critique va être dépassée lors de chaque démarrage ou arrêt de l'agitateur.

- **Vitesse hypocritique (N<Nc)**

Un tel fonctionnement est évident, sachant qu'en permanence, la vitesse critique peut ne pas être atteinte.

9.1. Calcul de la vitesse critique

L'équation suivante est valable pour le cas d'un arbre pendulaire de section uniforme équipé d'un mobile:

$$2\pi N_c = \left(\frac{3EI}{L^3 m}\right)^{1/2} \tag{3.30}$$

Donc la vitesse critique obtenue est:

$$N_c = \frac{1}{2\pi}\left(\frac{3EI}{(L_a + L_r)L_a^2(0,33m_a + m_m)}\right)^{1/2} \tag{3.31}$$

Pour $L_a = 1,670\ m$, $L_r = 68\ 10^{-3}\ m$, $m_a = 11,06 kg$ et $m_m = 60$ kg, on a: $N_c = 1729\ mn^{-1}$.

Par conséquent, on obtient $0.7\ N_c = 1210 mn^{-1}$, alors $N = 138\ mn^{-1} < 0.7\ N_c$.

Ces résultats montrent qu'on est dans le cas d'une vitesse hypo-critique qui permet d'éviter le risque de déformation des organes en rotation.

10. Conclusion

Dans ce chapitre, on a présenté une conception du système d'agitation et un dimensionnement de ces différents composants tout en vérifiant leur résistance aux conditions de fonctionnement. Le choix des différents composants du système et des solutions technologiques est basé sur la simplicité du montage, de démontage et d'entretien ainsi que la disponibilité sur le marché local ou la possibilité de livraison en Tunisie.

Conclusion générale

Le présent projet de fin d'étude nous a été une occasion honorable de découvrir la société tunisienne des lubrifiants SOTULUB ou nous avions le plaisir de rencontrer un personnel compréhensif qui n'a jamais hésité à nous présenter l'aide nécessaire durant notre travail.

Ce projet est également une expérience très bénéfique à notre carrière avenir vue la formation qu'il nous a fournit. En effet, il nous a présenté un acquis important concernant les cuves agitées et les différentes configurations de transfert thermique y associées.

Au cours de notre travail, on a fait une étude bibliographique sur les cuves agitées et les différents systèmes de chauffage existants. On a également fait les calculs thermiques et mécaniques assurant le dimensionnement et la mise en place de tels systèmes. Ces calculs étaient à base de notes réalisées sur Excel et d'un programme développé en Fortran permettant ainsi un calcul cohérent. La conception du système en respectant les résultats de calculs est par suite réalisée sur Solidworks.

La présente étude peut être étendue à une étude de régulation pour bien contrôler le fonctionnement du système. On suggère aussi l'étude de l'installation électrique et hydraulique associées à notre système.

Référence bibliographique

[1] : http://www.sotulub.com.tn/fr/

[2] : **Christelle Herman,** Contribution à l'étude de la cristallisation, par refroidissement en cuve agitée, de substance d'intérêt pharmaceutique présentant un polymorphisme cristallin, Thèse de doctorat, École Polytechnique Service Transferts, Interfaces et Procédés (TIPs), 29 janvier 2010

[3] : http://fr.wikipedia.org/wiki/Rh%C3%A9ologie

[4] : http://fr.wikipedia.org/wiki/Viscosit%C3%A9

[5] : http://perso.latribu.com/shagar/steve/pdf/sa3.pdf

[6] : **Hervé DESPLANCHES et Jean-Louis CHEVALIER** (10/06/1999), *Mélange des milieux pâteux de rhéologie complexe. Théorie,* Techniques de l'Ingénieur, j3860.

[7] : http://www.vmi.fr/fr/pdf/AM_P1.pdf

[8] : **Michel ROUSTAN et al**, (10/06/1999), *Agitation. Mélange - Concepts théoriques de base*, Techniques de l'Ingénieur, j3800.

[9] : **Mariem AMMAR** (2009), Caractérisation hydrodynamique des écoulements générés par les turbines, mémoire de mastère.

[10] : http://fr.wikipedia.org/wiki/%C3%89nergie_thermique

[11] : **Catherine Xuereb et al**, (2006) *Agitation et Mélange : aspects fondamentaux et applications industrielles*, Collection: Technique et Ingénierie, Dunod/L'Usine Nouvelle.

[12] : http://www.ocazoo.fr/annonces/450-l-cuve-avec-serpentin-n-598-104901.html

[13] : **Patrice COGNART et al**, (10/06/2002), *Agitation. Mélange - Aspects mécaniques*, Techniques de l'Ingénieur, j3804.

[14] : http://edesignlab.fr/calcul-de-clavette/

[15] : http://www.skf.com/fr/products/bearings-units-housings/ball-bearings/angular-contact-ball-bearings/

[16] : http://mixel.fr/differents-mobiles-agitation.xhtml

Référence bibliographique

[17] : http://mixel.fr/agitateur-standard.xhtml

[18] : www.ryounes.net/cours/principe.pdf

[19] : Emile MAURIN, (décembre 2004), Catalogue produits métallurgique.

[20] : **Michel MORET,** (10 mai 1990), Roulements et butées à billes et à rouleaux, Techniques de l'Ingénieur, B5370

HELICE TT MULTIPLAN - brevet Mixel

Hélice TT/TTA : l'hélice TT permet un fort pompage, la TTA un fort pompage avec un flux axial renforcé

Caractéristiques
. Ecoulement axial
. D/T = 0.15 à 0.7
. Vp = 1 à 5
. Nq = 0.65 à 1.1
. Np = 0.7 à 1
Applications
. Homogénéisation
. Mélange liquides / liquides miscibles
. Maintien en suspension
. Transfert thermique

HELICE TTP

Hélice TTP / TTPA : l'hélice TTP offre un haut rendement de mélange, la TTPA un haut rendement de mélange avec un flux axial renforcé.

Caractéristiques
. Ecoulement axial
. D/T = 0.15 à 0.7
. Vp = 1.5 à 8
. Nq = 0.65
. Np = 0.3 à 0.45
Applications
. Homogénéisation
. Mélange liquides / liquides miscibles
. Maintien en suspension
. Transfert thermique

a) *Hélice TT multi plan - brevet*   b) *Hélice TT*

Annexe A2.1. *Mobiles à débit axial MIXEL* [16]

▶ Multi-usage ▶ Rendement optimal ▶ Facile à manipuler ▶ 4 tailles ▶ Acier Inoxydable ▶ Livraison sous 15 jours

TYPE	Volume cuve m³	Ø hélice mm	Type hélice	Vitesse de rotation tr/mn	Vitesse de flux m/s	Débit de pompage m³/h	Puissance absorbée Kw	Puissance installée Kw	Longueur arbre mm	Poids Kg	Embase carrée mm
AP 125	0.5 à 1.5	125	TT	1425	3.57	158	0.388	0.75	1200	15	
AP 250	1.5 à 3	250	TT	280	1.43	252	0.1	0.37	1500	20	250 × 250
AP 400	3 à 5	400	TT	145	1.18	535	0.145	0.55	1500	30	
AP 600	5 à 8	600	TTP	138	1.14	1163	0.378	1.1	2000	60	400 × 400

Annexe A2.2. *Conditions optimales de fonctionnement* [17]

$\dot{m}_{hu}$ (Kg/s)	Cp_{hu} (Kj/Kg °C)	λ_{hu} (W/m² °C)	μ_{hu} (Pa.s)	T_e (°C)	T_s (°C)	ρ_h (m³/kg)
0.5833	2.3	0.134	0.0576	20	90	960

Annexe A2.3. *Propriétés de l'huile usagée*

T_{vap} (°C)	P (bar)	Cp_{vap} (Kj/Kg°C)	μ_{vap} (Pa.s)	λ_{vap} (W/m²°C)	L_{vap} (Kj/Kg)	ρ_v (m³/kg)
180	10	2.59	$0.15\,10^{-4}$	0.0354	2013.56	5.147

Annexe A2.4. *Propriétés de la vapeur*

λ(W/m.°C)	μ(Pa.s)	ρ(Kg/m³)	Cp$_{con}$(Kj/Kg °C)
0,6715	1,49.10^{-4}	887,02	4,407

Annexe A2.5. *Propriétés physiques du condensat à 180°C*

ṁ$_{hc}$ (Kg/s)	Cp$_{hc}$ (Kj/Kg °C)	λ$_{hc}$(W/m² °C)	μ$_{hc}$ (Pa.s)	T$_{ehc}$ (°C)
0.33	2.34	0.072	3.2 10^{-4}	360

Annexe A2.6. *Propriétés de l'huile de chauffe*

di(m)	de(m)	Ds(m)
0,034	0,038	1,2

Annexe A2.7. *Dimensions du serpentin immergé*

di(m)	de(m)	Ds(m)
0,066	0,07	2.01

Annexe A2.8. *Dimensions du demi-serpentin soudé*

Procédé de condensation	Débit massique G$_v$	Nombre de Reynolds Re
à l'extérieur d'un tube vertical	$\frac{\dot{m}}{\pi d_e}$	$\frac{4G_v}{\mu}$
à l'extérieur d'un faisceau de N$_t$ tubes verticaux	$\frac{\dot{m}}{N_t\pi d_e}$	$\frac{4G_v}{\mu}$
à l'intérieur d'un tube vertical	$\frac{\dot{m}}{\pi d_i}$	$\frac{4G_v}{\mu}$

à l'intérieur d'un faisceau de N_t tubes verticaux	$\dfrac{\dot{m}}{N_t \pi d_i}$	$\dfrac{4G_v}{\mu}$
à l'extérieur d'un tube horizontal	$\dfrac{\dot{m}}{L}$	$\dfrac{2G_v}{\mu}$
à l'extérieur d'un faisceau de N_t tubes horizontaux	$\dfrac{\dot{m}}{N_t^{2/3} L}$	$\dfrac{2G_v}{\mu}$
à l'intérieur d'un tube horizontal	$\dfrac{2\dot{m}}{L}$	$\dfrac{2G_v}{\mu}$
à l'intérieur d'un faisceau de N_t tubes horizontaux	$\dfrac{2\dot{m}}{N_t L}$	$\dfrac{2G_v}{\mu}$

Annexe A2.9. *Valeurs de débit massique de condensat et de nombre de Reynolds en fonction de la disposition des tubes*

Corrélation	Commentaire
$Nu = 0{,}021 . Re^{0.85} . Pr^{0.4} . \left(\dfrac{di}{Ds}\right)^{0.1}$	hi : coefficient d'échange à l'intérieur d'un serpentin immergé.
$Nu = 1{,}31\ Re^{0.56} . Pr^{0.33} . \left(\dfrac{d}{T}\right)^{-0,25} . \left(\dfrac{C}{H}\right)^{0,15} . \left(\dfrac{\mu}{\mu p}\right)^{0,14}$	he : coefficient d'échange à l'extérieur du serpentin immergé. [Nagata 1975]
$Nu = 0{,}023 . Re^{0.8} . Pr^{0.4}$	hi : coefficient d'échange à l'intérieur d'un demi-serpentin soudé
$Nu = 0{,}33 . Re^{0.66} . Pr^{0.33} . \left(\dfrac{d}{T}\right)^{-0,25} . \left(\dfrac{C}{H}\right)^{0,15} . \left(\dfrac{\mu}{\mu p}\right)^{0,14}$	he : coefficient d'échange à l'intérieur d'une cuve chauffée avec un demi-serpentin soudé. [Nagata 1975]
$Nu = 0{,}027 . Re^{0.8} . Pr^{0.33} . \left(\dfrac{\mu}{\mu p}\right)^{0,14}$	hi : chauffage d'une cuve à double enveloppe avec un fluide caloporteur
$Nu = 0{,}55 . Re^{0.66} . Pr^{0.33} . \left(\dfrac{d}{T}\right)^{-0,25} . \left(\dfrac{C}{H}\right)^{0,15} . \left(\dfrac{\mu}{\mu p}\right)^{0,14}$	he : coefficient d'échange à l'intérieur d'une cuve à double enveloppe

$Nu = 0{,}027 . Re^{0.8} . Pr^{0.33} . \left(\dfrac{\mu}{\mu p}\right)^{0,14}$	hi : coefficient d'échange à l'intérieur de radiaplaques
$Nu = 0{,}28 . Re^{0.67} . Pr^{0.33} . \left(\dfrac{\mu}{\mu p}\right)^{0,14}$	he : coefficient d'échange à l'intérieur d'une cuve chauffée par radiaplaque [Strek et Karcz 1997]

Annexe A2.10. *Corrélations de transfert thermique dans une cuve chicané agitée avec une hélice*

Fluide	hd (W/ m2 ° C)
vapeur d'eau non grasse	10 000
huiles de lubrification	18 000
Mazout	1 000
Huile usagée	5 000
Residu de crackage	500

Annexe A2.11. Ordre de valeur de coefficient d'encrassement pour quelques fluides

- Force due au poids du mobile et de l'arbre :
$$F_m = (m_m + m_a)g$$

- Force due à la pression dans la cuve :
$$F_p = \frac{p\pi d_a^2}{4}$$

- Poussée d'Archimède :
$$P_A = \rho_\ell g(V_m + V_a)$$

- Force axiale hydraulique :
$$F_a = \frac{\rho_\ell V_f^2}{2g} S_m = \frac{2\rho_\ell Nq^2 N^2 D^4}{\pi g}$$

- **Force axiale résultante :**
$$F_A = F_m - F_p - P_A - F_a$$

- Moment de torsion (couple) :
$$M_t = \frac{P}{2\pi N}$$

- Moment de flexion :
$$M_f = F_r L_a$$

- Force radiale[1] :
$$F_r = \frac{M_t}{\frac{D}{2}} = 2\frac{M_t}{D}$$

Annexe A.3.1. *Forces en jeu*

Tableau 1 – Méthodes de calcul du diamètre d'un arbre d'agitation			
Sollicitation	Cas général	Arbre plein	Arbre tubulaire
Torsion pure	$\dfrac{M_t}{\left(\dfrac{I_0}{v}\right)} \leqslant \tau_a$	$d_a^3 \geqslant \dfrac{16 M_t}{\pi \tau_a}$	$\dfrac{d_e^4 - d_i^4}{d_e} \geqslant \dfrac{16 M_t}{\pi \tau_a}$
Torsion pure avec conditions de rigidité	$\dfrac{M_t}{G\left(\dfrac{I_0}{v}\right)} \leqslant \theta \quad (1)$	$d_a^4 \geqslant \dfrac{16 P}{\pi^2 G \theta N}$	$d_e^4 - d_i^4 \geqslant \dfrac{16 P}{\pi^2 G \theta N}$
Flexion pure	$\dfrac{M_f}{\left(\dfrac{I}{v}\right)} \leqslant \eta_a$	$d_a^3 \geqslant \dfrac{32 M_f}{\pi \eta_a}$	$\dfrac{d_e^4 - d_i^4}{d_e} \geqslant \dfrac{32 M_f}{\pi \eta_a}$
Contrainte de von Mises ou contrainte idéale	$\sqrt{\eta^2 - 4\tau^2} \leqslant \eta_a$ avec $\eta = \dfrac{M_f}{\left(\dfrac{I}{v}\right)} + \dfrac{F_a \pm m_g}{\pi \dfrac{d_a^2}{4}} + p \quad (2)$ $\tau = \dfrac{M_t}{\left(\dfrac{I}{v}\right)_0}$	$d_a^3 > \dfrac{32}{\pi \eta_a}\sqrt{M_f^2 + M_t^2} \quad (3)$	$\dfrac{d_e^4 - d_i^4}{d_e} > \dfrac{32}{\pi \eta_a}\sqrt{M_f^2 + M_t^2} \quad (3)$
Flèche	$\tau = \dfrac{L_a^2 M_f}{3 EI}$	(4)	(4)

(1) $\theta = 4,4 \times 10^{-3}$ rad/m (0,25°/m)
(2) $F_a + m_g$ si la force axiale est dirigée dans le même sens que le poids (c'est-à-dire si le mobile pompe vers le haut), $F_a - m_g$ dans le cas contraire.
(3) Relations valables lorsque :

$$\dfrac{F_a \pm m_g}{\pi \dfrac{d_a^2}{4}} + p \ll \dfrac{M_f}{\left(\dfrac{I}{v}\right)}$$

ce qui est généralement vérifié.
(4) Lorsque l'arbre est constitué d'éléments de plusieurs tronçons pleins ou de sections différentes, le calcul doit être effectué à l'extrémité de chaque tronçon, en tenant compte de la flèche du tronçon précédent, en partant du point de guidage.

Annexe A3.2. *Méthodes de calcul du diamètre d'un arbre d'agitation* [13]

Marge de coefficient de sécurité	Commentaire
[1,25 – 1,5]	matériaux bien éprouvés, bon contrôle de la qualité, et contraintes réelles bien connues
[1,5 – 2,0]	matériaux et conditions d'exploitation bien connus ;
[2,0 – 2,5]	contraintes bien connues, et matériaux très souvent utilisés (C'est le cas le plus général dans le domaine des machines)
[2,5 – 3,0]	matériaux fragile et employé dans des conditions ordinaires ;
[3,0 – 4,0]	comportement du matériaux ou état des contraintes mal connu.

Annexe A3.3. *Choix de coefficient de sécurité* [18]

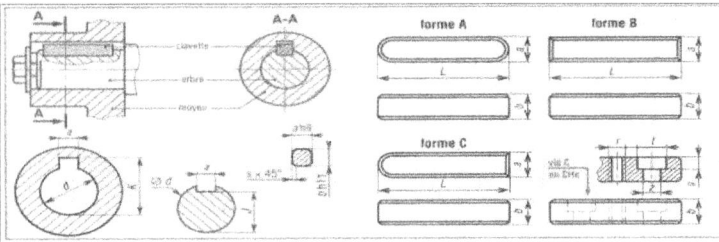

Clavettes parallèles : principales dimensions normalisées (NF E 22-175)															
	série normale						série mince			cas d'une fixation par vis					
d	a	b	s	J	K	L	b*	J*	K*	vis	t	z	g	r	
5 à 8 inclus	2	2	0.08	d-1.2	d+1	6 à 20									
8 à 10	3	3		d-1.8	d+1.4	6 à 36									
10 à 12	4	4	0.16	d-2.5	d+1.8	8 à 45									
12 à 17	5	5	0.16	d-3	d+2.3	10 à 56									
17 à 22	6	6		d-3.5	d+2.8	14 à 70	4	d-1.8	d+1.4	M2.5-6	5	2.9	3	2.5	
22 à 30	8	7	0.25	d-4	d+3.3	18 à 90	4	d-2.5	d+1.8	M3-8	6.5	3.4	3.5	3	
30 à 38	10	8	0.25	d-5	d+3.3	22 à 110	6	d-3.3	d+2.8	M4-10	8	4.5	4.5	4	
38 à 44	12	8		d-5	d+3.3	28 à 140	6	d-3.5	d+2.8	M5-10	10	5.5	5.5	5	
44 à 50	14	9	x	d-5.5	d+3.5	36 à 160	6	d-3.5	d+2.8	M6-10	12	6.6	6.5	6	
50 à 58	16	10		d-6	d+4.3	45 à 180	7	d-4	d+3.3	M6-10	12	6.6	6.5	6	
58 à 65	18	11	0.4	d-7	d+4.4	50 à 200	7	d-4	d+3.3	M8-12	16	9	8.5	8	
65 à 75	20	12	0.4	d-7.5	d+4.9	56 à 220	8	d-5	d+3.3	M8-12	16	9	8.5	8	
75 à 85	22	14	b	d-9	d+5.4	63 à 250	9	d-5.5	d+3.8	M10-12	20	11	10.5	10	
85 à 95	25	14	0.6	d-9	d+5.4	70 à 280	9	d-5.5	d+3.8	M10-12	20	11	10.5	10	
95 à 110	28	16		d-10	d+6.4	80 à 320	10	d-6	d+4.8	M10-16	20	11	10.5	10	

Annexe A.3.4. *Dimensions et tolérances normalisées des clavettes* [14]

PRODUITS MÉTALLURGIQUES — EMILE MAURIN® — modèle 304L EBT

ACIER INOXYDABLE AUSTENITIQUE 304L EBAUCHE CREUSE

ETAT
Sans soudure
Laminé

L = 5 - 7 m

EXEMPLE DE COMMANDE — Code article : 304LEBT3220

Code article	D x d (mm)	Poids (kg/m)
304LEBT3220	32x20	4,23
304LEBT3216	32x16	5,11
304LEBT3625	36x25	4,58
304LEBT3620	36x20	5,96
304LEBT3616	36x16	6,84
304LEBT4028	40x28	5,53
304LEBT4020	40x20	7,89
304LEBT4532	45x32	6,75
304LEBT4528	45x28	8,23
304LEBT4520	45x20	10,60
304LEBT5036	50x36	8,08
304LEBT5032	50x32	9,75
304LEBT5025	50x25	12,20
304LEBT5640	56x40	10,30
304LEBT5636	56x36	12,1
304LEBT5628	56x28	15,3
304LEBT6350	63x50	10,0
304LEBT6340	63x40	15,6
304LEBT6336	63x36	17,5
304LEBT6332	63x32	19,1
304LEBT7156	71x56	13,0
304LEBT7145	71x45	19,8
304LEBT7140	71x40	22,4
304LEBT7136	71x36	24,3
304LEBT7540	75x40	26,2
304LEBT8063	80x63	16,5
304LEBT8050	80x50	25,5
304LEBT8045	80x45	28,5
304LEBT8040	80x40	31,1
304LEBT8545	85x45	33,7
304LEBT9071	90x71	20,8
304LEBT9063	90x63	27,4
304LEBT9056	90x56	32,5
304LEBT9050	90x50	36,4
304LEBT9550	95x50	42,3
304LEBT10090	100x90	24,6
304LEBT10071	100x71	32,9
304LEBT10063	100x63	39,5
304LEBT10056	100x56	44,6
304LEBT10680	106x80	32,5
304LEBT10671	106x71	40,8
304LEBT10663	106x63	47,4
304LEBT10656	106x56	52,5
304LEBT11290	112x90	30,4
304LEBT11280	112x80	40,8
304LEBT11271	112x71	48,2
304LEBT11263	112x63	55,8
304LEBT11890	118x90	39,2
304LEBT11880	118x80	45,7
304LEBT11871	118x71	57,9
304LEBT11863	118x63	64,6
304LEBT125100	125x100	38,4
304LEBT12590	125x90	50,1
304LEBT12580	125x80	60,5
304LEBT12571	125x71	68,9
304LEBT132106	132x106	42,3
304LEBT13290	132x90	61,6
304LEBT13280	132x80	72,0
304LEBT13271	132x71	80,3
304LEBT140112	140x112	48,2
304LEBT140100	140x100	63,8
304LEBT14090	140x90	75,4
304LEBT14080	140x80	85,9
304LEBT150125	150x125	47,8
304LEBT150106	150x106	74,7
304LEBT15095	150x95	88,3
304LEBT15080	150x80	104,4

Annexe A3.5. *Catalogue d'arbres en acier inoxydable* [19]

Annexes A3

Annexe A.3.6. *Types de roulements normalisés : aptitudes et applications caractéristiques.*

[20]

Annexe A.3.7. *Caractéristiques des roulements à contact oblique à une rangé de billes SKF*

[15]

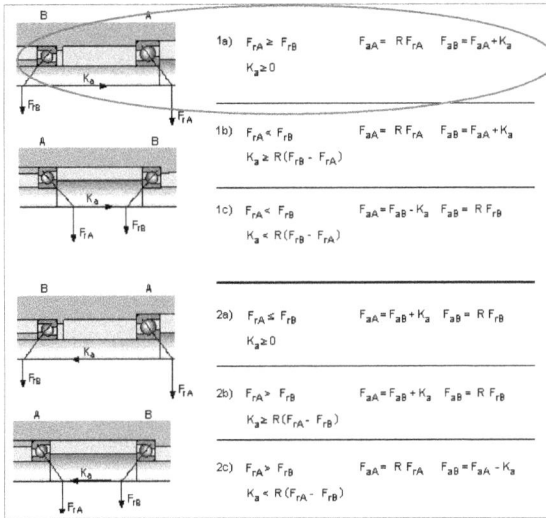

Annexe A.3.8. *Détermination des forces axiales [15]*

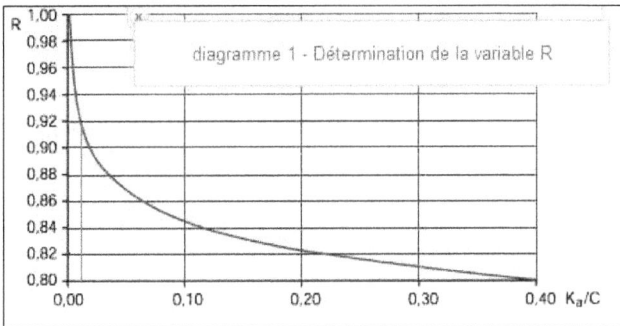

Annexe A.3.9 : *Détermination de la variable R* [15]

Charge dynamique équivalente

Pour roulements montés seuls ou par paires en T

$P = F_r$	lorsque $F_a/F_r \leq e$
Démarrer le calcul	
$P = XF_r + YF_a$	lorsque $F_a/F_r > e$
Démarrer le calcul	

Annexe A.3.10 : *Détermination de la charge dynamique équivalente P* [15]

Tableau 5 – Principaux types d'étanchéité utilisés			
Étanchéité	Pression (MPa)	Température (°C)	Lubrification/ refroidissement
Garde hydraulique	− 0,02 à + 0,02	< 120	Liquide compatible avec le produit
Joint à lèvre	− 0,02 à 0,02	< 150	Sans
Presse-étoupe	− 0,09 à 2	< 250	Sans ou avec double enveloppe
Garniture mécanique simple	− 0,1 à 0,6	< 150	Sans
		> 150	Écran thermique
Garniture mécanique double	− 0,1 à 1,5	< 220	Thermosiphon ou contre-pression azote
		220 < T < 320	Thermosiphon + joints spéciaux + écran thermique
Garniture double ou triple	− 1 à 100	< 220	Centrale hydraulique
		> 220	Centrale hydraulique + joints spéciaux + écran thermique
Entraînement magnétique	− 0,1 à 25	< 250	Double enveloppe

Annexe A.3.11. *Principaux types d'étanchéité utilisée* [13]

www.ingramcontent.com/pod-product-compliance
Lightning Source LLC
Chambersburg PA
CBHW021119210326
41598CB00017B/1506